ENNEAGRAM

九型人格

发现自己的个性优势

高山　编

北京燕山出版社
BEIJING YANSHAN PRESS

图书在版编目（CIP）数据

九型人格 / 高山编 . -- 北京：北京燕山出版社，2018.6（2020.4 重印）

ISBN 978-7-5402-5182-6

Ⅰ . ①九… Ⅱ . ①高… Ⅲ . ①人格心理学—通俗读物 Ⅳ . ① B848-49

中国版本图书馆 CIP 数据核字（2018）第 125359 号

九型人格

编　　者	高　山
责任编辑	贾　勇　王　迪
封面设计	余　微
责任校对	石　英
出版发行	北京燕山出版社有限公司
社　　址	北京市丰台区东铁营苇子坑路 138 号
电　　话	010-65240430
邮　　编	100078
印　　刷	北京德富泰印务有限公司
开　　本	880mm × 1230mm　1/32
字　　数	150 千字
印　　张	5
版　　次	2018 年 7 月第 1 版
印　　次	2020 年 4 月第 5 次印刷
定　　价	35.00 元

PREFACE
前　言

九型人格是远古时代古巴比伦口耳相传的智慧，也是一门实践学问。它通过分析人们行为背后的出发点，即基本欲望和基本恐惧，将所有的人划分为九种类型：完美主义者、给予者、实干者、浪漫主义者、观察者、怀疑论者、享乐主义者、领导者和调停者。这九种人格类型按照九角形排列，彼此相近、相似，并在紧张和放松的情境下相互转化。不同类型的人在不同的状况下会产生不同的行为。九型人格的研究可以帮助我们通过人们表面的喜怒哀乐，发现他人最真实、最根本的需求和渴望。它对人们在自我认知、社会交往，甚至感情生活方面有诸多助益。

如今，九型人格理论已经被广泛推广到制造业、服务业、金融业等多个领域，渗透在人际交往的方方面面。1993年，美国斯坦福大学商学院开设了“人格自我认知与领导”课程，把九型人格应用于企业管理的领域。据说，当时上这门课的MBA学生在课堂上欢欣雀跃，他们认为九型人格是一门了不起的学问，为他们的很多困惑提供了解答。自此，有更多的人逐渐意识到了九型人格的妙处，全球大部分国家政府机构和商业机构如美国中央情报局、美国电话电报公司、通用汽车、惠普计算机、可口可乐、尼康、苹果、宝洁等都在广泛研习这一理论，并用它来培训员工，促进他们建立团队、促进沟通、增强执行力等综合能力的提高。人们对九型人格的热情汹涌澎湃，全球管理领域掀起了一股“九型人格热”，甚至有人称九型人格是

“识人的圣经”“人际沟通的钻石法则”“企业管理的金钥匙”。此外，九型人格在医学、教育、创业、恋爱等越来越多的方面也得到了应用。

九型人格理论是一本识人秘籍，让你能够真正认知自己的性格，接受真实的自我，做到自我调整与转型；轻松辨识对方的性格类型，在纷繁复杂的社会交往中一切了然于心，让一切尽在你的掌握中。

九型人格理论是一份职场规划，让你了解自己在职场中的优势劣势，化弊为利，营造良好的工作环境，洞悉身边同事的想法，了解老板的心思，打造高效团队，成就非凡事业。

九型人格理论是一条爱情妙计，让你寻找到完美伴侣，看清楚自己的爱情处境，探究到对方真实的心理，了解恋人的需求，找到正确的行动方向，打造完美姻缘，拥有幸福生活。

九型人格理论是一个处事锦囊，让你通晓人性，了解自己和他人的行为动机及处世原则，改善个人性格和沟通方式，拥有更和谐且更有创造力的人际关系，助你在人际交往方面得心应手，使你成为最受欢迎的人。

本书以浅显易懂的语言，详细分析了九型人格的基本原理，深入研究了九型人格运用的心理基础，详细解析了各类型人格的性格特征、发展层级、互动关系。通过阅读此书，你将在有效交流、管理员工、打造高效团队、投资理财、经营感情和婚姻、教育子女等方面如鱼得水，最终实现在事业、爱情、交际上的成功。

CONTENTS
目　录

ENNEAGRAM

第一篇

走进九型人格的神秘地带

第一章　寻根问源：九型人格的渊源

解读神秘的九星图

“九型人格”的英文，来自两个希腊词汇 ennea 和 grammos。ennea 是数字 9 的意思，grammos 则是尖角的意思，两个词结合在一起组合成的 enneagram 就是指 9 个尖角的意思，而“九型人格”的图表正好是一颗九角星。

在九星图中，3、6、9 构成了一个等边三角形，昭示着三位一体的理念，而其他的 6 个点则两两相连，构成了一个不规则的六角形，这就形成了一个完整的九角星图。人们再根据早期对性格类型的分析，将 9 种不同的性格类型分别代入九星图中的不同数字位置，就形成了一个九型人格图。

九型人格将人按照不同的气质类型分成了完美型、给予型、实干型、浪漫型、观察型、怀疑型、享乐型、领导型和调停型九个人格基本类型，每个人都必然属于其中一型，且稳定不会更改。

在九型人格图中，我们把其中 3、6、9 号所代表的性格称为核心性格，而位于这三个核心角两侧的邻角，就被称为核心角的两翼，代表的是核心性格内化或外化的变异类型。换句话说，两翼角的性格是由核心角性格发展而来的，其中潜藏着核心角性格的特质，并具有潜在的共同特点，如 3 号性格的两翼——2 号和 4 号性格就与 3 号一样具有很强的想象力，6 号性格的两翼——5 号和 7 号性格则与 6 号一样多疑且充满恐惧心理。心理学家根据三种核心性格及其两翼的特征，又进一步将九型人格分成了 3 个三元组。

1. 情感三元组——遇事时的直接反应是源于情绪、感觉和感情：

核心性格——3 号实干型　内化——4 号浪漫型　外化——2 号给予型

2. 思维三元组——遇事时的直接反应是源于分析、了解和归纳：

核心性格——6 号怀疑型　内化——5 号观察型　外化——7 号享乐型

3. 本能三元组——遇事时的直接反应是用即时行动去解决问题：

核心性格——9 号调停型　内化——1 号完美型　外化——8 号领导型

需要注意的是，在九星图中，只有 3、6、9 号角的两翼是其内化或外化的表现，而其他角的两翼则不存在这样的关系，例如8号性格的两翼7号和9号性格，就不是8号内化和外化的表现。不过即便如此，任何角的两翼都是非常重要的，因为它们同样会对中心角的性格产生影响，例如4号性格既可能偏向5号性格，将所有的事闷在心里，也可能偏向3号，以积极亢奋的表现来掩盖内心深处的抑郁。

第二章　确定自己的人格类型

静下心来，做完九型人格测试题

古老的希腊庙宇上镌刻着哲人苏格拉底的名言“认识你自己”，关于认识自己可以说是一个古老的命题。中国的老子说：“知人者智，自知者明”，一个能看透周围的人有智慧，一个能了解自己的人“心明”——不糊涂，一般不会做出没有自知之明的事情。

知己知彼才能百战不殆。世界上剖析性格的方法有很多种，九型性格测试来自美国斯坦福大学的科学研究，如今这门科学已经在国际上开始流行，并被作为众多的世界500强企业领导用来安排员工岗位的一个重要参考。

下面我们开始九型人格的测试，借此来了解我们自身与周围的他或她。在做九型人格测试题之前，你需要注意以下几点：

1. 108道题要凭借第一感觉选择，不要过多权衡，因为每种性格的背后都有好有坏。这样忠实地记录，只是为了更好地了解你自己。

2. 在你认为符合你的陈述前面打“√”，注意遮住每个陈述后面的数字。

3. 然后把你所选择的每个陈述后面的数字归类，例如你的选择中包括“1”“12”“15”这三项，而它们后面都是9，那么答案就是3个9。以此类推，你选的哪种数字最多，对照答案便能知道自己是九型人格中的哪一种。

4. 数字最多的只是你的主要性格，还要参照其他较多数字所对应的人格类型，并阅读全书，你会获得更详细、准确的信息。

九型人格测试题

1	我很容易迷惑	9
2	我不想成为一个喜欢批评别人的人，但很难做到	1
3	我喜欢研究宇宙的道理、哲理	5
4	我很注意自己是否年轻，因为那是找乐子的本钱	7
5	我喜欢独立自主，一切都靠自己	8
6	当我有困难时，我会试着不让人知道	2
7	被人误解对我而言是一件十分痛苦的事	4
8	施比受会给我更大的满足感	2
9	我常常设想最糟的结果而使自己陷入苦恼中	6
10	我常常试探或考验朋友、伴侣的忠诚	6
11	我看不起那些不像我一样坚强的人，有时我会用种种方式羞辱他们	8
12	身体上的舒适对我非常重要	9
13	我能触碰生活中的悲伤和不幸	4
14	别人不能完成他的分内事，会令我失望和愤怒	1
15	我时常拖延问题，不去解决	9
16	我喜欢戏剧性、多彩多姿的生活	7
17	我认为自己的性格非常的不完善	4
18	我对感官的需求特别强烈，喜欢美食、服装、身体的触觉刺激，并纵情享乐	7
19	当别人请教我一些问题，我会巨细无遗地给他分析得很清楚	5
20	我习惯推销自己，从不觉得难为情	3
21	有时我会放纵和做出僭越的事	7
22	帮助不到别人会让我觉得痛苦	2
23	我不喜欢人家问我关于广泛、笼统的问题	5
24	在某方面我有放纵的倾向（例如食物、药物等）	8
25	我宁愿适应别人，包括我的伴侣，也不会反抗他们	9
26	我最不喜欢的一件事就是虚伪	6
27	我知错能改，但由于执着好强，周围的人还是感觉到压力	8
28	我常觉得很多事情都很好玩，很有趣，人生真是快乐	7
29	我有时很欣赏自己充满权威，有时却又优柔寡断，依赖别人	6
30	我习惯付出多于接受	2
31	面对威胁时，我一边变得焦虑，一边对抗迎面而来的危险	6

32	我通常是等别人来接近我，而不是我去接近他们	5
33	我喜欢当主角，希望得到大家的注意	3
34	别人批评我，我也不会回应和辩解，因为我不想发生任何争执与冲突	9
35	我有时期待别人的指导，有时却忽略别人的忠告径直去做我想做的事	6
36	我经常忘记自己的需要	9
37	在重大危机中，我通常能克服我对自己的质疑和内心的焦虑	6
38	我是一个天生的推销员，说服别人对我来说是一件轻易的事	3
39	我不会相信一个我一直都无法了解的人	9
40	我喜欢依惯例行事，不大喜欢改变	8
41	我很在乎家人，在家中表现得忠诚和包容	9
42	我被动而优柔寡断	5
43	我很有包容力，彬彬有礼，但跟人的感情互动不深	5
44	我沉默寡言，好像不会关心别人似的	8
45	当沉浸在工作或我擅长的领域时，别人会觉得我冷酷无情	6
46	我常常保持警觉	6
47	我不喜欢要对人尽义务的感觉	5
48	如果不能完美地表现，我宁愿不说	5
49	我的计划比我实际完成的还要多	7
50	我野心勃勃，喜欢挑战和登上高峰的经验	8
51	我倾向于独断专行并自己解决问题	5
52	我很多时候感到被遗弃	4
53	我常常表现得十分忧郁的样子，充满痛苦而且内向	4
54	初见陌生人时，我会表现得很冷漠、高傲	4
55	我的面部表情严肃而生硬	1
56	我情绪飘忽不定，常常不知自己下一刻想要做什么	4
57	我常对自己挑剔，期望不断改善自己的缺点，以成为一个完美的人	1
58	我感受特别深刻，并怀疑那些总是很快乐的人	4
59	我做事有效率，也会找捷径，模仿力特强	3
60	我讲理、重实用	1
61	我有很强的创造天分和想象力，喜欢将事情重新整合	4
62	我不要求得到很多的注意力	9
63	我喜欢每件事都井然有序，但别人会认为我过分执着	1
64	我渴望拥有完美的心灵伴侣	4

65	我常夸耀自己，对自己的能力十分有信心	3
66	如果周遭的人行为太过分时，我准会让他难堪	8
67	我外向、精力充沛，喜欢不断追求成就，这使我的自我感觉良好	3
68	我是一位忠实的朋友和伙伴	6
69	我知道如何让别人喜欢我	2
70	我很少看到别人的功劳和好处	3
71	我很容易知道别人的功劳和好处	2
72	我嫉妒心强，喜欢跟别人比较	3
73	我对别人做的事总是不放心，批评一番后，自己会动手再做	1
74	别人会说我常戴着面具做人	3
75	有时我会激怒对方，引来莫名其妙的吵架，其实是想试探对方爱不爱我	6
76	我会极力保护我所爱的人	8
77	我常常刻意保持兴奋的情绪	3
78	我只喜欢与有趣的人为友，对一些闷蛋却懒得交往，即使他们看来很有深度	7
79	我常往外跑，四处帮助别人	2
80	有时我会讲求效率而牺牲完美和原则	3
81	我似乎不太懂得幽默，没有弹性	1
82	我待人热情而有耐性	2
83	在人群中我时常感到害羞和不安	5
84	我喜欢效率，讨厌拖泥带水	8
85	帮助别人达至快乐和成功是我重要的成就	2
86	付出时，别人若不欣然接纳，我便会有挫折感	2
87	我的肢体硬邦邦的，不习惯别人热情地付出	1
88	我对大部分的社交集会不太有兴趣，除非那是我熟识的和喜爱的人	5
89	很多时候我会有强烈的寂寞感	2
90	人们很乐意向我表白他们所遭遇的问题	2
91	我不但不会说甜言蜜语，而且别人也会觉得我唠叨不停	1
92	我常担心自由被剥夺，因此不爱作承诺	7
93	我喜欢告诉别人所做的事和所知的一切	3
94	我很容易认同别人所做的事和所知的一切	9
95	我要求光明正大，为此不惜与人发生冲突	8
96	我很有正义感，有时会支持不利的一方	8
97	我因注重小节而效率不高	1

98	我容易感到沮丧和麻木更多于愤怒	9
99	我不喜欢那些侵略性或过度情绪化的人	5
100	我非常情绪化，一天的喜怒哀乐多变	4
101	我不想别人知道我的感受与想法，除非我告诉他们	5
102	我喜欢刺激和紧张的关系，而不是稳定和依赖的关系	1
103	我很少用心去听别人的谈话，只喜欢说俏皮话和笑话	7
104	我是循规蹈矩的人，秩序对我十分有意义	1
105	我很难找到一种我真正感到被爱的关系	4
106	假如我想要结束一段关系，我不是直接告诉对方就是激怒他让他离开我	1
107	我温和平静，不自夸，不爱与人竞争	9
108	我有时善良可爱，有时又粗野暴躁，很难捉摸	9

测试结果：

记录下你所得的数字：

“1”共有(　　)个，对应1号完美型　“2”共有(　　)个，对应2号给予型

“3”共有(　　)个，对应3号实干型　“4”共有(　　)个，对应4号浪漫型

“5”共有(　　)个，对应5号观察型　“6”共有(　　)个，对应6号怀疑型

“7”共有(　　)个，对应7号享乐型　“8”共有(　　)个，对应8号领导型

“9”共有(　　)个，对应9号调停型

看准了，你是哪一类人格

做完了以上的九型人格测试题，人们对于自己的主要人格类型有了结论。下面，我们就来看看九型人格各自都有着怎样的显著特点。

1号：追求完美的完美型

这是一张严肃而认真的脸。在他的脸上表情总是很凝重，他们对待一顿饭的态度就像对待一场外交一样慎重。完美主义者总是希望得到别人的肯定，害怕出现任何差错，他们对待工作和生活的态度永远是精益求精，追求至善至美。

在工作上，他们是制度的拥护者。如果他是一名员工，他是最努力最有

责任心的那一个。领导可以放心地把各项任务交给他。他也是一个不折不扣的工作狂，对于消极怠工的人他总是很生气。

如果他是一名领导，他喜欢事无巨细的管理风格，他崇尚“没有规矩就不成方圆”的道理。他处处以身作则，对下属要求极高。一旦当下属的工作出现差错的时候，他会忍不住大发雷霆。完美主义型的管理者容易对下属求全责备，易给周围人造成压力。

在生活上，他喜欢有秩序的状态，讨厌凌乱和脏的房间。他们的衣服永远被熨得很平整，鞋子很干净，房子一尘不染，各种东西都被划分成不同的区域放置，他永远知道他要找的东西放在哪里。

除此而外，他还可能是个喜欢穿白色衣服的人，他更可能是个精神洁癖。他们对爱情相当忠诚，但是与此同时他们对伴侣的要求也会很高，一旦对方出现越轨行为，完美主义者眼睛里是容不下沙子的，于是他们会在愤怒之后选择分道扬镳。

对待朋友他们也同样如此，他们选择朋友和择偶一样严谨，对友谊忠诚，期盼对方也能给予相同的重视。

这就是完美主义者的表情。他们的表情并不丰富，这是因为他们冷静自制的个性使然，他们不会咋咋呼呼，他们永远稳重优雅，因为他们不会让自己的内心世界轻易地表露在脸上。

2 号：热心的给予型

这是一张讨人喜欢的脸，也是一张温暖人心的脸。他们的表情总是温和而友好，他们随时准备帮助别人。

从小到大他们生活的意义好像永远是为了让别人开心。小时候为了得到父母的奖励他们做乖宝宝，上学的时候为了让老师赞赏，他们成了好学生，再后来为了伴侣的开心他们又总是想尽办法讨好对方。

他们常常忽略自己的真实意愿，总是尽力让别人高兴，不为难任何人，除了他自己。这样的 2 号是有责任感的，因为他会选择做应该做的事情，而非自己想做的事情。

工作上，他们对同事真诚关心，体贴之情常令人感动。他们绝对是世态炎凉中温暖人心的一群人，同事也因此愿意将内心的真实想法对其倾诉。他们的人缘总是很好，看似吃亏的事情，最后他们总能获得更大的回报，他们是讨人喜欢的专家。

生活上，他们可能是保守而传统的人士。他们孝敬父母，关心子女，对爱人无微不至。他们是贴心的人生伴侣，他们的脸上也总是洋溢着幸福的微笑。无论怎样风雨兼程，2 号一定是能够陪伴你走完人生的忠实伴侣。

这就是 2 号给予者的画像，一幅如同春天般醉人的画面。他们永远温和暖人的笑容就像人间四月天里的骄阳和翠柳，不刺激，有希望还有暖流。

3 号：追名逐利的实干型

“天下熙熙皆为利来，天下攘攘皆为利往”，这句话送给实用主义者再合适不过。3 号的身上有着难能可贵的务实精神，他们不会将精力浪费在“无用”的地方，他们在做一件事情的时候总是不断分析它有什么利益可图。这不是缺点，而是很实在的优势。

在 3 号的脸上，我们看不到太多的平易近人与温和，和 2 号相反，他们可能是很有“表演”人格的一群人。他们会用不同的表情来面对不同的人，有时候难免让人觉得虚伪和做作。

他们对名利的热衷是九种人中最为明显的一群人，他们的脸也因为他们所面对的人而发生戏剧性的变化。

工作中，他们与 1 号一样是工作狂，不同的是他们的目的。1 号认真工作是他发自内心地认为只有诚实劳动才配得起收获的成果，3 号则认为这是他们明天成名得利的基础。与此同时，3 号的务实精神还让他们成为做事不会盲目的一类人，所以他们的效率总是很高。

生活上，因为他们永远将事业放在第一位，所以忽略伴侣的事情时有发生。他们将感情深藏在自己的内心深处，不轻易表达自己的感情，因此也经常会遇到被伴侣埋怨的情况。赢了世界输了自己的事情在 3 号的身上较为多见。

4 号：想象力丰富的浪漫型

4 号是天生的艺术家，他们的表情最多变。高兴的时候他们尽情地开怀大笑，伤心的时候也是号啕大哭而不惧怕别人的眼光。他们生活得最自我也最真实，很少见到他们虚伪和做作。

尽管如此，他们的气质中总有一股忧郁的气息，让人难以捉摸又欲罢不能。

他们的想象力最丰富，也最适合在需要创造的氛围中工作。工作中他们最害怕的是像 1 号完美主义者那样循规蹈矩，他们害怕束缚，对他们来讲能够充分发挥他们天才的工作才值得努力去做。他们不会勉强自己做自己不喜欢做的事情，他们也总是做自己感兴趣的工作。自由和爱是他们生活中的氧气和水，缺一不可。

生活中的4号可能是长不大的孩童，他们不喜欢现实生活中的种种虚假，因此常生活在自己幻想的世界中。他们能够为了让伴侣开心而把身上仅有的几元钱拿去买一朵玫瑰，在他们看来金钱生不带来死不带走，唯有爱才是最宝贵的财富。

5号：冷静客观的观察型

他们不喜欢与人交往，宁愿孤独地面对整个世界。他们的脸上永远是一副深沉思考的表情，他们花在研究理论与事物的时间要远远超过研究人的行为与心理。

他们是异常冷静的一群人。在工作上，他们的理性让他们很少感情用事。他们和任何人交往都是"君子之交淡如水"，他们不会让你走进他们的内心，当然，他们也没有兴趣走进你的内心。他们认为距离是一种安全和尊重。

生活中的5号观察者性格沉稳，不轻易发表自己的言论，因为他们对不确定的事物总抱有审慎的态度。他们希望自己的观点代表着客观和公正。他们的性格内向，永远保留自己的一片小天地，他们也常常觉得无人了解他们，就算是对最亲密的人，他们也这么认为。他们有着孤独的、寂寞的、思想深刻的灵魂。

6号：谨慎严谨的怀疑型

他们的脸上总是研究的表情，因为他们不确定这个事情的真假以及好坏。他们难以相信任何人，他们甚至对自己也不信任。信任危机一直困扰着他们。

工作上，他们怀疑权威者的一切论点，企图找到可以攻击的地方。在接受一项任务的时候，他们首先想到的不是成功而是万一失败了怎么办。他们总能想到最坏的一面，也总是怀疑别人对他们心怀不轨。因此，他们生活得战战兢兢，如履薄冰，如临深渊。

他们过分谨慎的性格常让他们裹足不前，容易丧失机会。和1号不同，完美主义者是因为想要得出最完美的方法而延误时机，他们则是害怕失败而不敢轻易做决定。但是他们超强的责任心也能弥补性格的这一重大缺陷。生活上也好，工作上也罢，他们总是希望能够得到强有力的保护和指引。

7号：及时行乐的享受型

他们的脸上永远洋溢着快乐，烦恼在他们的心里不会驻足太久。对于他们来说"今朝有酒今朝醉"是非常好的生活哲学，因为生命太短暂，要抓紧时间享受。

工作上，他们可能是那些多才多艺的同事，他们不会带给你压力，因为他们认为赚钱是次要的，懂得生活才是重要的。他们还可能是那些和任何人都能打成一片的人，因为他们很少有世俗的偏见，他不会因为你曾经的失足而嘲笑你，也不会因为你的成就而嫉妒你。

生活上的享受主义者是个开心果，同时也可能是让人伤心的人。他们惧怕承诺，担心因此失去自由，害怕承担责任，这些都是让人头痛的地方。

8 号：号令天下的领导型

8 号领导者的表情是严肃而有威严的。他们从小可能就是那些调皮捣蛋的孩子王，长大了那种领导众人的魅力也就显现出来了。

他们可能是为了帮助弱小者挺身而出的人，也可能是为了反对某种不合理的制度带头“革命”的人。他们身上的正义感很强，愿意保护社会中的弱势群体。然而他们喜欢命令人的脾气可能会让人吃不消。

感情生活中的 8 号，也将保护弱者的个性带到伴侣身边。他们认为爱他（她）就是要保护他（她）不受伤害。他们不习惯表露感情，有时候甚至用激怒对方的方式来确认对方对自己的感情。

9 号：纵横捭阖的调停型

合纵连横，纵横捭阖，这是 9 号协调者的强势。他们也许不是最厉害的那一个，但是他们能将最厉害的人聚拢在自己周围。

工作中的 9 号最常见的工作可能是上传下达的秘书，因为他们极其优越的协调性让他们能够胜任这样的工作。他们胸怀博大，很少因为不同政见而和别人争吵。事实上，他们不喜欢任何争执。

生活上的 9 号可能是个被动的人，他们不愿意主动解决问题，喜欢抱怨。但是温和的脾气让他们的伴侣觉得他们还是不错的爱人。不过固执却是让人头痛的地方，尽管他们自己不觉得。

第三章　躲开心里的暗礁

你的性格误区在哪里

什么是性格误区？在前面观察我们已形成的性格一节中，我们知道，我们现在所拥有的性格并不能代表我们真正的自己，而是通过后天的思想、感情、直觉影响后得来的。在这些后天影响得来的性格中，有能够帮助人们自我发展的好的性格特征，也有阻碍人们自我发展的不好的性格特征。对于这些阻碍我们寻找本体的不好的性格特征，我们就称其为“性格误区”。

下面，我们就来介绍一下九型人格各自的性格误区：

1 号完美型：无止境地追求完美

1 号人格的本质是追求完美，因此他们的性格误区就是过度追求完美。然而，世界上没有十全十美的事，但 1 号往往难以意识到这一点，常常为了使事情尽善尽美，不仅自己拼命努力，也期待周围的人都能和自己一样，因此也常常对自己和周围的人都感到不满。最糟糕的是，1 号还压抑而不表现心中的愤懑，因为对他们来说，随便发怒是不“完美”的。因此，1 号的人们在这样的自我压抑中常常崩溃。

2 号给予型：看不到接受的快乐

2 号人格的本质是帮助他人，因此他们的性格误区就是过度注重给予，而忽视了接受。2 号的人们认为，帮助他人的自我牺牲精神比什么都重要，所以会一个劲儿地为他人付出爱心。但是，周围的人却不一定需要他的爱心和帮助，这就让 2 号觉得很苦恼。究其根源，2 号的人们是希望通过帮助他人来掌控他人，也就是说，他们在诚心诚意地帮助他人的同时，潜意识地要求对方的感谢与回报，为此常常表现出意欲控制他人的倾向，如果他们的帮助被拒绝，也就意味着他们难以控制他人。

3 号实干型：只重目标的功利主义

3 号人格的本质是注重目标，因此他们的性格误区就是过于注重目标。3 号的人们认为，人生最重要的就是达到目标，取得成功。他们深信唯有获得成就，才能证明自己，以"成功"的尺度来衡量人生的价值。因此，对于可能成功的工作，会满腔热情地全力以赴，牺牲一切也在所不惜，但对可能失败、不为人关注的工作，便试图回避，这就是典型的功利主义。

4号浪漫型：不能享受平凡的快乐

4号人格的本质是追求个性，因此他们的性格误区就是过于追求个性。4号的人们往往以特立独行为人生准则，不甘于做一个平庸之徒，总想显示自己的过人之处。因此，他们过于相信自我感受，容易显出无视现实的倾向，而且，因个人的感受性过强，常常觉得不被人所理解。这种想法一旦变为孤立无援的感觉，就容易陷入忧郁状态，进而将自己封闭起来。自视很高，不满足于现状，总是感到"真正的人生还没有开始"，他们孜孜不倦的精神追求，加上高雅的形象，总给人一种自命不凡的感觉。

5号观察型：逃避内心的空虚感

5号人格的本质是冷静客观地观察，因此他们的性格误区就是过于冷静客观。5号的人们常常觉得周围人肤浅愚昧，难以沟通，因此他们将精力更多地投入知识中去，认为丰富的知识和深思熟虑、观察入微的生活方式，是避免自己成为愚蠢者的最佳方法。因此，5号的人们喜欢在冥想的空间遨游，即是体会现实社会的欢悦，而不爱热闹，喜欢一个人独处，便渐渐和周围的人逐渐疏远，自我封闭起来。即便遇到了问题，5号也自认有根据知识作出正确判断的能力，只要付出思考，自己一个人就能解决。

6号怀疑型：不断地怀疑再怀疑

6号人格的本质在于怀疑权威，因此他们的性格误区就是过于怀疑权威。在6号的人们心里，他们往往存在这样的矛盾心理：一方面他们有渴望得到强者的保护，并且向强者尽忠的"恐惧症"；另一方面他们又要以怀疑的态度反抗权力，借此缓解内心的不安，具有"反恐惧症"。因为害怕按自己的意志行事，很难独立完成一件事。即使认为某个设想很精妙，由于心存怀疑，往往踟蹰不前。6号的人们认为周围的人对他有许多要求和期待，为了不辜负期待而拼命地工作，但是因为处处小心和不安，把自己搞得烦恼不堪。

7号享乐型：害怕吃苦受累

7号人格的本质是纵情享乐，因此他们的性格误区就是过于注重享乐，而放弃了吃苦受累的权利。对于7号的人们来说，为了确保快乐，他们会制订很多计划，却很难坚持做下去，因为他们害怕吃苦受累，往往遇到一点困难就退缩。而且，他们又是乐观的自恋主义者，只喜欢称赞自己的人，并且只选择对自己最好的东西。因为不回顾过去的失败，只把眼光放在未来的快乐上，不能正视自己的负面，不能从过去和现在汲取人生的教训。

8号领导型：权威的忠实信徒

8号人格的本质是追求权威，因此他们的性格误区就是过于追求权威，而忽视了正义和真理。8号的人们认为，他们相信只有证明自己的价值，维护自己的尊严，才是有力量的象征。8号非常在乎自己的势力范围，对于侵犯这个领域的人，一律加以排斥。常常摆出一副好斗的架势，喜好争吵，周围的人对其望而生畏。这种人自视有伸张正义的使命，而周围的人都是些谨小慎微的胆小鬼，因而缺乏协调性和柔韧性。8号的特长是能一眼洞察对方的弱点，如果受到挑战，会毫不犹豫地攻击对方的弱点。

9号调停型：害怕纷争

9号人格的本质是追求和平，因此他们的性格误区就是过于追求和平，常常为了粉饰太平而忽视正义和真理。生活中，9号的人们总是努力和周围人协调一致，把一生的平安视为第一，稍不如意，就会慵懒怠倦，拒绝接受新知识。而且，因为9号往往重视他人的意见，轻视自己的见解，以致很难作出决断，给人优柔寡断的感觉。

人人都有性格误区，它们成为自我提升、自我发展的巨大阻碍。如果人们懂得使用九型人格这门性格分析工具，就能找出自己的性格误区，了解自己性格上的负面倾向，加深自我认知，还能够将自己的精神状态向好的方向引导。也就是说，人往往不同程度地从各自类型的性格误区中获得能量。

我们的优势恰恰也是弱点

生活中，许多事情都不是绝对的，一个人的优势、劣势也不是绝对的。在有些时候，优势容易使人得意忘形，这时优势就可能转化为劣势。许多时候我们不是跌倒在自己的劣势上，而在跌倒在自己的优势上。而通过努力，劣势也会转化为优势。

有这样一个故事：

有一天三个和尚要外出化缘，其中有两个年龄稍大一些的，他们办事讲求牢靠，就对那个年轻的和尚说："带上点东西吧，万一自己能用得上呢！"

小和尚摇了摇头："不用了，拿着东西反而不方便。"说完就轻装上路了。

那两个年龄大的和尚手里可没闲着，一个和尚带了一把伞，另一个和尚拿了一根拐杖。

这天还真的下雨了，淅淅沥沥下了大半天。到了晚上他们都回到了庙里，结果拿伞的和尚淋得浑身是水；拿拐杖的和尚摔得鼻青眼肿，嘴角还流着血；而那个年轻的和尚却安然无恙。

那两个年长的和尚很纳闷，问那个年轻的和尚："我们拿着工具却出了点问题，你什么也没拿，为什么会安然无恙呢？"

年轻和尚没有回答，他问拿伞的和尚："你为什么会淋湿而没有摔伤呢？"

拿伞的和尚说："下雨的时候，我因为有了伞，就满不在乎地在雨中走，因为太大意了，却不知怎么淋湿了；下雨后的路虽然泥泞，但是我因为没有拐杖，所以走得非常谨慎。"

年轻和尚又转过身来问拿拐杖的和尚："你为什么没有淋湿而摔伤了呢？"

拿拐杖的和尚说："雨来了，我没有带雨伞，我赶紧找个地方躲雨，所以没有淋湿；下完雨后，我却凭着自己的拐杖在泥泞的路上飞速地走，不慎摔了一跤，就成了现在这个样子了。"

年轻的和尚听后笑笑说："我既没拿雨伞，也没拿拐杖。所以无论下雨还是雨后行路，我都很谨慎。下雨的时候，因为没有雨伞我赶紧找个地方躲雨；雨后行路的时候，因为没有拐杖，所以我走得特别谨慎！"

两个和尚听了感慨万千。

和那个"既没拿雨伞，也没拿拐杖"的年轻和尚相比，拿雨伞的和尚和拿拐杖的和尚都有着自己的优势，可他们都过于轻信自己的优势，反而让优势成了他们的包袱，不仅没有带给他们帮助，反而带给了他们苦痛。

人们通过使用九型人格，能很清楚地看到自己的优势和劣势，但人们常常只关注自己的优势，并极力使其发扬光大。然而，古人说得好："过犹不及。"当你过于注重自己的优势，就是"过了头"的一种表现，而任何事物一过了头，好的也就变成坏的了。

其实，人们着重关注自己的优势的原因在于：在大多数情况下，我们都害怕采取其他行为方式，因为我们担心，一旦改变了惯常的行动方式，我们就会失去别人的关注。如果我们懂得善用我们的优势，就能有效避免它成为我们的弱点。

ENNEAGRAM

第二篇

1号完美型：没有最好，只有更好

第一章　1号完美型面面观

1号性格的特征

1号性格是九型人格中的完美主义者，他们眼中的世界总是有太多的不完美，心目中的自己也有很多缺点，他们希望能够去改善这一切。他们对完美的追求甚至达到了苛刻的地步，哪怕已经取得了99%的成绩，他们能看到的也只是那1%的不足。说他们是鸡蛋里挑骨头一点也不为过，他们的人生信条是："没有最好，只有更好！"

他们的主要特征如下：

◎每件事都力求最佳表现，自我要求很高，喜爱学习和认识新事物。

◎遵守道德、法律、制度及程序，很讨厌那些不守规矩的人。

◎希望比别人优秀，很爱面子，对他人的批评敏感，因此作决定有时会犹豫不决。

◎很少赞扬别人，常批评别人的不好，有点吹毛求疵。

◎很难控制愤怒的情绪，但是一旦发泄怒气，内疚感也会同时随之而来，是外冷内热的典型。

◎善于安排、计划并且贯彻执行，做事很有效率。

◎做事严谨细致，精益求精，但因不放心别人去做而事必躬亲，所以整天忙碌。

◎有时为工作而殚精竭虑，有时又放下一切去尽情玩乐。

◎睡觉、起床、洗漱、吃饭、锻炼等活动像闹钟般准时和定量。

◎外表十分严肃，穿戴十分整洁，表情不多。

◎讲话直来直去，谈话主题常为做人做事，常用"应该、不应该；对、错；不、不是的；照规矩、按照制度"等词汇。

1 号性格的闪光点

追求完美的 1 号性格有很多优点，以下这些闪光点值得关注：

◇ 勤奋和高标准

1 号性格者习惯于用高标准来要求自己，一旦确定了某个正确的目标，就会通过忘我的工作来让人感到满意，并且要做就做到第一。

◇ 严谨细致

1 号性格者认为，只有严谨细致，才能少走弯路、稳操胜券，严谨的工作态度会给他们带来巨大的收益。

◇ 做事井井有条

1 号性格者认为任何无条理或无秩序的事都是不可原谅的，因为工作有条理，所以办事效率极高。

◇ 重视道德和原则

1 号性格者非常正直，有强烈的道德感；坚守原则，面对大是大非问题不会妥协和让步。

◇ 改进问题的专家

1 号性格者目光精准，通常能够一眼挑出做事过程中需要改进的地方，立即指出，立即跟进纠正。

◇ 天生的改革家

1 号性格者事业心比较强，有创新和改革的勇气，是天生的改革家。

◇ 有管理能力

管理过程其实是标准和要求不断提高的过程，作为高标准和高要求的 1 号性格者由于天性会不断地进行标准和要求的变更设定。

◇ 富于建设性

只要其他人能够承认错误或者承认实力不济，1 号性格者的挑剔和批评可以被轻而易举地化解，对于被错误困扰愿意改善自己的人，1 号有百分之百的耐心和热情。

◇ 社会精英的摇篮

1 号性格者是九型人格中最有智慧的人，具有精确的判断力和旺盛的生命力，他们总是有更高远的目标在前方，一旦改造或抑制了极端完美主义的性格，则很容易成为社会中的精英人才。

对 1 号有利或不利的做法

1 号性格者需要学习一些对自己有利的做法和避免一些对自己不利的做法：

下边的这些行为对 1 号的发展是有利的，应该学着去做：

◎多给自己一些时间去放松和娱乐，将游戏和玩乐强制性列入你的时间表，直到你允许它们存在。

◎学会区分“应该”完成和“想要”完成的事，别总把时间浪费在那些鸡毛蒜皮的事情上。

◎学会察觉自己内心的气愤情绪和自己刻意去掩饰气愤情绪的倾向。

◎学会了解你对别人发怒，很可能是因为他们的作为正是你想做却不敢做的。

◎不刻意压抑愤怒，学会发泄负面情绪，学会利用想象力来化解怒气。

◎学会质疑你的规则，自己眼中“对”的事情不一定是别人期望或合适的事情。

◎不再只是单方面追求理想的完美，而是采取慢慢改善现实的做法。

◎学会放弃“唯一正确性”的观念，懂得赞赏差异，差异不一定是错误或缺陷，差异使世界更加美好。

◎学会聆听别人，即使别人不对，也要允许他们表达观点并且了解他们。

◎要别人有耐心，你可能有很多经验可以告诉别人，但别指望别人马上改变。

◎学会到现实中去找答案，如果觉得他人对自己品头论足，那就直接找他们问清楚；如果自己不断担忧，就去寻找事实信息来消除自己的焦虑。

下边的这些行为对 1 号的发展是不利的，应该避免：

◎只是关注做应该做的事，忘记了自己内心真实的愿望。

◎压抑自己的各种愿望，自身欲望找不到表达途径，不满情绪随之增强。

◎察觉到了自己内心的怒火，但是不愿意发泄出去，压在心里。

◎工作太多，没有时间去运动和休闲娱乐。

◎担心事情办不好，于是过分注意细节和拖延时间。

◎害怕出现差错而犹豫不决，不敢作出最后的决定。

◎无法接受不同意见，认为不符合自己标准的就是错误。

◎为了平衡内心对自身的批评，转而对他人进行抱怨。

◎过于严厉、苛刻，总是一副批评人的面孔，不愿意表扬和鼓励。

◎爱走极端，一旦发现错误，就要求全部返工，导致时间和资源的浪费。

第二章　与1号有效地交流

观察1号的谈话方式

1号注重完美，关注自己心目中的标准和周围事物的差异，他们难以忍受周围的事物不在正常的轨道上运行。一方面，他们的严谨和认真会让事物的运行朝着更加美好的方向发展，但另一方面，他们却也可能给周围的人带来很大的压力。

下面，我们就对其谈话方式进行一个简单的说明：

◎1号性格者的谈话常常是直来直去，不讲情面、不拐弯、一针见血，直接谈及问题核心。

◎他们不幽默、不做作，不喜欢噱头，常常是以实际问题为导向。

◎他们话语简洁而有力，言语当中，通常也是指令清晰、干脆利落，没有拖泥带水、模棱两可的词句。

◎他们喜欢直接沟通，这种谈话方式沟通效率很高，可以消除很多不必要的误会，也不用挖空心思去判断说话者的意思，不需要假设，不需要瞎猜，有疑问也可以直接求证。

◎1号谈话主题常常为做人做事，而且常用“对/错、应该/不应该、好/不好、必须/否则、一定要/不可以、肯定是/不可能、按照规矩/制度/规定/标准/规范/流程/原则”等词汇来表明做人做事的原则标准是什么。

总之，这样的谈话方式可以让人感受到1号严肃的人生态度，坚守原则和真理的美德，而且这样态度分明也可以让听话人清楚明白1号的直接意图是什么，但是这种方式如果过多，常常会让人觉得1号太刻板，而且好为人师的唠叨和讨厌也会让人抓狂，透露出来的强势态度也常常会引起一些矛盾和冲突。

读懂1号的身体语言

进化论奠基人达尔文说："面部与身体的富于表达力的动作，极有助于发挥语言的力量。"法国作家罗曼·罗兰也曾说过："面部表情是多少世纪以来培养成功的语言，是比嘴里讲的更复杂到千百倍的语言。"

当人们和1号性格者交往时，只要细心观察，就会发现1号性格者具有以下一些身体信号：

◎1号性格者是追求完美和卓越的一个群体，1号的身体语言完全追求文明，他们男人是绅士，女人是淑女或贵妇人，他们的身体语言常常也会显出比较高雅和严肃的感觉。

◎1号目光专注而坚定，一般先注视对方眼睛，然后打量全身，再回到眼睛上，他们给人一种似乎总是在挑毛病的凌厉感觉。

◎生气时会脸色阴沉，沉默不语，给人以压迫和紧张的感觉。

◎他们常常是硬挺的姿势，行走坐卧中规中矩，体态端正从不东倒西歪，而且可以长久保持同一姿势不变。

◎1号性格者不仅对自己的身体姿势等各方面要求比较严格，有时候他们也会不习惯别人丰富多变的身体语言，觉得有失礼教，如果和他们交往的时候手舞足蹈，他们会心里很不舒服，觉得自己面对的是一个素质不是那么高而且态度也过于随意的人。

◎着装整洁得体，男性干净利落，女性端庄严整。

通过1号的身体语言我们可以更多了解其追求完美的本性，也提醒我们和他们交往的时候，避免身体语言过于丰富，这样才能更好地和他们进行沟通，我们应该知道他们的原则：绅士的交往者应该是绅士，淑女的同伴也应该是淑女。

批评 1 号前，先批评自己

心理学家汉斯·希尔说："更多的证据显示，我们都害怕受人指责。"因批评而引起的羞愤，常常使雇员、亲人和朋友的情绪大为低落，并且对应该矫正的事实状况一点也没有好处。对于批评尤其敏感的 1 号群体，我们更是应该避免对其直接加以指责。

考虑到 1 号喜欢坚持自我成见的特点，和其沟通时我们一定要懂得主动示弱，即使是 1 号错了，在批评他们之前，一定要懂得先批评自己，这样 1 号常常会感觉到自己的面子得到满足，即使嘴上不说，也会向你表示自己也有缺点。

第三章　透视 1 号上司与下属

全力执行 1 号上司交代的任务

1 号上司本身是具有极强执行能力的领导，他们一旦确定做一件事情，就会要求自己做到极致，得到最快最好的结果。他们对自己的要求很严，说到做到，不自觉地他们也会用这样的标准去要求自己的下属，让他们欣赏的员工就像勤劳的牛，能够无怨无悔全力帮助自己实现心中的工作愿景。

古希腊哲学家德谟克利特说："只靠一张嘴来谈理想而丝毫不实干的人，是虚伪和假仁假义的。"作为 1 号的下属，就要具有较强的执行能力，得到任务后能够全力执行，不断付出，精益求精，追求完美，只有这样才能让你的 1 号上司开心。

一年冬天，猎人带着猎狗去打猎。猎人一枪击中了一只兔子的后腿，受伤的兔子拼命地逃生，猎狗穷追不舍。可是追了一阵，猎狗知道实在是追不上了，只好悻悻地回到猎人身边。

猎人气急败坏地说："你真没用，连一只受伤的兔子都追不到！"猎狗听了很不服气地辩解道:“我已经尽力而为了呀!”

兔子带着枪伤成功地逃生了,同伴们都围过来惊讶地问它:“那只猎狗很凶呀,你又负了伤,是怎么甩掉它的呢?”兔子说:“它是尽力而为,我是竭尽全力!它没追上我,最多挨一顿骂,而我若不竭尽全力地跑,可就没命了!”

在1号上司的眼里如果仅仅是像猎狗那样的勤奋仍然还是不够,你必须像竭尽全力进行逃生的兔子那样,抱有不成功便成仁的豪迈,这样的员工在1号上司的眼中是值得托付给他重任的,1号上司也会很喜欢这样的员工。

在任小萍的职业生涯中,每一步都是组织上安排的,自己并没有什么自主权。但在每一个岗位上,她都有自己的选择,那就是要比别人做得更好。大学毕业那年,她被分到大使馆做接线员。在很多人眼里,接线员是一个很没出息的工作,然而任小萍在这个普通的工作岗位上作出了不平凡的业绩。她把使馆所有人的名字、电话、工作范围甚至连他们家属的名字都背得滚瓜烂熟。当有些打电话的人不知道该找谁时,她就会多问几句,尽量帮他(她)准确地找到要找的人。慢慢的,使馆人员有事外出时并不告诉他们的翻译,只是给她打电话,告诉她谁会来电话,请转告什么,等等。不久,有很多公事、私事也开始委托她通知,她成了全面负责的留言点、大秘书。如果你想得到1号上司的认可,那么你可以学习一下任小萍女士的敬业精神,做的事情永远超出别人对你的期待,这样全力执行的工作态度一定会让你成为他心目中的红人。

别跟1号上司硬碰硬

老子说:“天下莫柔弱于水,而攻坚强者莫之能胜,此乃柔德也。”老子在这句话里高度赞扬了水以柔弱胜刚强的道理。在面对习惯强硬的1号上司时,这句话完全可以作为我们的行动指南。

如果你和1号上司硬碰硬地对着干,就像两个瓦罐在一起碰撞,你们双方都会受到伤害,会有瓦罐破碎的惨剧,但是如果你能主动示弱,来点软的,像水一样,那么上司这只瓦罐碰到你就只是激起几朵小浪花,你依然可以迅速恢复平静。这种哲学在中国的太极理论中经常强调,也是很实用的处世方法。

米开朗基罗刚雕好大卫像的时候，主管这件事的官员竟然觉得不满意："鼻子太大了！""是吗？"米开朗基罗站在雕像前面看了看，好像也赞同他的观点："可不是吗！没关系，我马上改，等一会儿绝对让您满意。"说着就拿起工具爬上架子，叮叮当当地修饰起来。

过了一会儿，米开朗基罗就修好了雕像，他请官员到架子上去检查："您看，现在可以了吧！"官员爬上架子看了看，高兴地说："是啊，好极了！这样才对啊！"

后来，朋友问他："我觉得你雕刻得很好啊，为什么他说不好，你就马上改？艺术家应该坚持自己的原则，无论任何时候都不要妥协。"米开朗基罗竟然笑了："我刚才只是到上面做做样子，其实我根本没有改动原来的雕刻。"

这则故事中的米开朗基罗其实并没有放弃自己的原则，但是他主动示弱，没有和那位官员硬碰硬，他虽然只是做做样子，但是相信那位官员接受其雕像的原因，并不一定完全是因为他真的没有发现米开朗基罗耍的这个小聪明，但是他能感觉到米开朗基罗坚持原则时所表现出来的那种善意。如果一个人主动示弱，那么他的原则也是值得自己尊重的。

所以面对1号上司时，来点软的吧，不要和其硬碰硬，你可以像故事中的米开朗基罗那样坚持自己的原则，但是如果又能像他那样学会以柔制刚的道理，你会赢得1号上司更多的喜爱。

找出你团队里的1号员工

在工作中，你也许会有这样一个员工，他对你不会阿谀奉承，他说话诚恳而且直接，他工作自动自发，而且总是按时保质保量完成任务。他还会时不时向你提一些公司内部的不足，提供一些合理化的建议，那么这个时候，也许你应该进一步认识到他可能就是1号性格的员工。

1号性格的员工常常有这样一些特点：

◎他责任感非常强，常常会主动承担一些额外的工作。

◎他本身业务水平比较高，但还是会主动参加培训和学习来提高自己。

◎他的大部分时间花在工作上，很少为自己安排休闲活动。

◎他事业心强，对工作充满热情，有丰富的感染力和带头作用。

◎他很有计划性，你说下工作大致方向，他能很快就有一套行动方案。

◎他喜欢指令清晰的命令，他对于规则、原则类的东西通常很熟悉。

◎他有时候会有点犹豫不决，为了追求完美也可能效率低下。

◎他如果犯错，也会主动承认错误，并且会有较强烈的内疚和自责情绪。

◎他是纠错专家，而且常常会提出一些合理化的建议。

◎他为人处世的能力低于他的工作能力，他的挑剔可能会引发一些矛盾。

如果你的员工具有以上特征里的大多数，那么他们很可能就是1号类型的员工，你可以根据他们的特点采取合适的管理和沟通方法，让你的管理更加有效率，也让你的管理更具人性化。

如何激励1号员工

人才是公司最大的财富，员工就是人才的具体体现，爱惜员工就是爱惜人才。1号员工的自发主动精神虽然值得主管信任，但是我们应该知道的一点是，鼓励和激励对于1号员工同样是不可或缺的。

1号员工有自己的特点，因此我们应该学会根据他们的特点对他们进行激励，这样我们就能更好地促使他们发挥自己的价值，也为公司带来巨大的回报。下边的一些方法对激励1号员工比较有效，可以考虑采用：

◇ 赞赏他们的工作表现

1号员工坚持自己的原则，追求完美的工作表现，他们力求自己的工作每个细节都无可挑剔，他们的工作结果常常也是最优秀的。他们需要肯定，我们赞赏他们的时候需要注意的一点是，我们要懂得更多地去赞赏他们的工作表现，而不仅仅是夸奖他们创造的结果。

1号员工更看重的是你对他们原则的认可，你夸奖他们的工作表现，赞赏他们的高标准和追求细节，他们会觉得你真正看到了他们在完成工作当中的那份认真，他们会觉得你真正理解了他们。

◇ 让他们感觉到关怀

1号员工事业心强，他们常常不会主动去享受人生，他们会压抑自己的欲望，专注于良好的工作表现。他们休闲活动很少，他们的内心是压抑的，他们骨子里也渴望休闲，但是他们心头常常有过多的压力。

因此，时不时地你应该主动给1号员工创造一些可以休闲的机会，比如组织他们去旅游、去K歌、去运动，或者去一些轻松的场合聚餐，他们会很感激公司为他们所做的一切。

有时候给他们说几句嘘寒问暖的话或者时不时给他们发封慰问的电子邮件都能让他们感觉到丝丝温暖，感觉到被公司所接纳，他们也会有更好的表现。

◇ 不抱怨他们的错误

如果1号员工犯了错误，要记住的一点是不要抱怨他们的错误。他们是具有高度自省精神的员工，如果犯了错误，常常会有高度的自责和沮丧。这个时候我们应该鼓励他们，告诉他们犯错在工作当中不仅是允许的，而且通过犯错才能够真正产生完美，只需要不断进行调试，他们的能力是很值得肯定的。

如果你能做到不抱怨，在他们最沮丧的时候鼓励他们，他们会对你产生极大的感激。

第四章　1号打造高效团队

1号制定最优方案的技巧

在制定战术方案时，1号往往有着以下一些特点：

◇ 重视战略的同时重视战术

1号制定战术的时候，有可能会和战略大方向有偏差，他们可能会集中于做所谓正确的事，却把整个企业真正需要的是什么、企业存在的意义和崇高愿景给忘记了，这也是1号提升战术制定能力所必须要注意避免的常见误区。

战略问题是更加宏观的问题，相比而言战术问题则是比较具体的问题，战术问题意味着能根据现实制定最好的行动方案。我们不能够忽视战略的管理，但是我们也不能够忽视具体的战术，因为战略的实现必定要依靠具体的小战斗一个个累积才可以实现。真正的领袖一方面会重视战略，另一方面必定会加强战术管理。

◇ 犹豫不决

对1号而言，他在制定具体战术的时候常常犯犹豫不决的毛病，这种毛病在于其个性当中追求完美，以至于其不敢放开手脚，生怕出现什么失误，导致自己的战斗失败。他们因为这个可能会贻误战机，在企业界中，对于先机的把握越来越注重的时代，产品的更新换代日新月异，科学技术转化为产品的周期也越来越短，1号的过度审慎可能会给企业带来难以估量的损失。

◇ 过度理性

1号在制定战术的时候，常常喜欢从理性、从逻辑的角度去进行分析和策划，但是他们却较少考虑到实践当中的方方面面不像理论那样严谨和单调，世界充满着变化和格局的调整。他们常常难以顾及人的感情的需要，提出的战术常常更具有风险性，和现实情况的融合度不够，理性的思考成就他们的同时可能也会深深伤害他们。

1号制定战术方案有自己的独特优势，但是，他们确实也应该注意规避这些常见的战术制定的误区，那样他们的战术方案将更加科学和符合实际，可以获得最大的成功。

1号目标激励的能力

一般来说，1号目标激励的能力主要有以下特征：

◇ 善于发挥榜样的力量

1号领导在团队中常常是首先把一切安排得井井有条，为自己和他人设定一个奋斗的方向，并且设定达到这一目标的时间表和具体安排。在此基础上他们常常是身先士卒，全力投入，用自己的良好表现作为带动他人的重要方法，他们的投入和激情在很多时候确实能够让团队成员感觉到力量和远大的前途，并且跟随他投入事业当中去。

◇ 忽略团队成员的想法

1号因为常常是自己一个人安排工作的流程和标准，所以有时候他忽略了团队其他成员的想法。可能他最后制定的方案只是他个人的想法而已，不能得到团体成员的一致认可。1号如果可以召集自己的团队进行讨论，让他们更多表达自己的愿景和想法，最后自己加以综合形成一致的意见，这样他们的想法就能够在工作当中体现出来，相信他们的工作积极性也会有较大的提高。

◇ 常常忽略对员工的激励

1 号在团队的工作当中，常常犯有过度关注工作细节错误而忽视对员工进行激励的错误。他们常常有很多的要求，会经常批评自己的员工，他们对他人的内心情绪需求不是那么关注，反而常常会过度关注事情的发展和标准而给别人的内心造成伤害。他们这样的表现会让员工士气低落，是 1 号应该不断加以反思和注意的方面。他们要转变自己的思维，让自己的意念更多去考虑一下别人的优点，并且进行及时和真诚的赞美，这样让员工能有较高的心理认同感，也能极大鼓舞他们的士气。

◇ 需要更多关心员工的需求

1 号常常关注员工的工作表现，而忽视员工的工作实际需求和日常生活。他们在项目进展的时候，常常不注重和员工进行沟通，了解他们工作的实际困难和思想状况。他们倾向于员工可以自己解决好自己的问题或者他们应该主动找自己来沟通。他们常常认为工作就是工作，生活就是生活，工作和生活是划分开来的不同部分，所以他们常常只关注员工在工作中的情况，而很少去关注员工生活当中有什么地方需要帮助。

1 号目标激励有自己的优点，也有自己的缺点，以上这些地方如果他加以重视，相信 1 号的目标激励能力也能得到大的提升。

1 号处理冲突的能力

1 号在团队当中也会遇到不少冲突，他们需要处理冲突的能力来解决这些冲突，以下几个方面是他们所需要注意的：

◇ 言语情绪太直接

1 号作为领导常见的沟通特点是能够直接表达自己的意见，快速和团队内外的成员沟通，这样的沟通常常具有高效率，而且可以和他人迅速建立较为信任的关系。但是 1 号在遇到一些自己不欣赏的人或者自己不尊敬的人时，常常也会不自觉地表现出自己的厌倦和轻视，这会造成一些人际关系方面的障碍。

◇ 过度批评及吹毛求疵

1 号喜欢提供意见和建议，他们有改善事物的良好愿望和帮助人的真实想法，即使是在面临冲突时也常常会希望事情能够向好的方面发展，他们这方面的精神是难能可贵的。但是他们在提供自己的意见或者建议时，常常犯有过度批评以及吹毛求疵的毛病，常常不对别人的正确表现进行认可，他们这样的方式常常是有点吃力不讨好。

◇ 忽视他人意见和看法

他们很少去主动了解他人内心的真正想法，在和别人沟通时，很少去用心听取别人的意见，除非另外一个人是自己认为比自己强的人，他们才会认真去听，否则，他们就常常抱定一个先入为主的意念而坚持己见。在团队沟通中，他们常常认为自己的意见是最重要的，因此常常会要求别人完全听自己的，即使是别人提出自己的看法，1 号也很难做到将别人的观点和自己的观点融合在一起，他们解决问题的方案常常因为这一点不能够最大限度地发挥作用。

1 号团队沟通能力最大的优势应该是其坦诚和内心的美好善良以及对于事情建设性的态度，其缺陷在于有时候太专注于自己的想法，情绪锋芒太露，因为强势而不能做到发挥众智群力，甚至让别人对自己产生反感和恐惧，这些是 1 号提高冲突处理能力时需要注意的。

ENNEAGRAM

第三篇

2号给予型：施比受更有福

第一章　2号给予型面面观

2号性格的特征

在九型人格中，2号是典型的助人为乐者，他们时刻关注他人的感受及情绪变化，习惯主动采取行动帮助、关爱他人，以满足他人内心需求；也会应他人要求改变自己的言谈举止，以迁就对方。也就是说，在2号的眼里，他人的需求比自己的需求更重要，为了满足他人的需求，他们能够牺牲自己的一切。这种极端的利他主义者其实潜藏着极端的利己主义，2号是想通过帮助他人的方式来掌控他人，以换取他人的认同，因此，一旦2号的帮助被拒绝，他们就会觉得自己不被认同，从而认为自己没有存在价值，总是痛苦万分。

2号的主要特征如下：

◎外向、热情、友善、快乐、充满活力。

◎有爱心，有耐心，喜欢结交朋友，并且乐于倾听朋友的心声。

◎感受能力特别强，敏感而细心，能够在一瞬间看透别人的需要。

◎对他人关怀备至，懂得赞赏别人，体谅别人。

◎懂得如何令人喜欢自己，很容易讨人欢心。

◎争取得到他人的支持，避免被他人反对。

◎重视人情世故，懂得礼尚往来。

◎重视人际关系，如果遭遇人际冲突或被批评会感到不安。

◎爱打听别人私事，常常不自觉地侵犯他人隐私。

◎对自己能满足他人的需要而感到骄傲，从而认为自己是一个重要的人。

◎常常为了满足不同人的需求而扮演不同的角色，容易使自己困惑：“哪一个才是真正的我？”

◎常常忽视自己的需求，不清楚自己真正想要的是什么。

◎朋友很多，人缘很好，但常常忽视家庭生活。

◎对“成功的男人”或“出色的女人”十分依恋。

◎渴望获得自由，但当自己被他人的需求所束缚，却又难以摆脱。

◎看淡权力和金钱。

◎认为自己很有魅力，很性感。

2号性格的闪光点

九型人格认为，2号性格的人有着许多的闪光点，下面我们就来具体介绍：

◇ 富于爱心和奉献精神

2号性格者往往内心充满了爱，无时无刻不想把自己的爱无条件地奉献给别人，尤其能对社会上的弱势群体给予强烈的同情并支持他们，肯发挥完全奉献精神以及付出劳力。

◇ 站在他人立场看问题

2号很容易接受别人，十分敏感周围的气氛，能站在别人的立场去看、去想、去听，具备了和别人一起承受苦痛的能力，对他人付出爱、关心和赞美。

◇ 及时洞察他人的需求

2号往往具有较强的识人能力，因而他们拥有直接进入他人内心世界的本领，故很容易感受到别人的需要，几乎不用别人开口，他们便可以感受到对方的心声。

◇ 善于倾听他人的心声

2号不仅拥有极强的识人能力，更重要的是他们懂得倾听别人的心声，因而能更好地理解他人的需求，找到问题的症结所在，使问题更容易解决。

◇ 成就他人

2号因为具有极强的识人能力，因此他们的目光非常敏锐，能够洞悉他人至高的潜力并给予支持，并常常集中精力，制定相关目标和策略，帮助他人获得成功，但他们并不以此为炫耀的资本。

◇ 十分重感情

2号十分重感情，平时待人和蔼可亲，他们看重人的情感，容易动感情，也容易为感情所动。2号的领导者也善于从感情入手，动之以情、晓之以理，以此取得与下属之间的情感联系和思想沟通，满足下属的心理需求，从而形成和谐融洽的工作环境。

◇ 以人为本

2 号在与人相处时往往注重“人”的愉悦，推崇以“人”为中心，对他们而言，每一件事情都是人的事情。在他们的眼中，没有所谓的事业，只有人。他们非常重视他人的满意度。

◇ 容易赢取人心

2 号非常重视人际关系，他们拥有很强的适应能力和社交力，他们能够适应各种各样的环境，能够与各种人打交道，是出色的交际家。他们认为，任何人都是可以征服的，只要找到正确的方式，并加以适当的关注。

◇ 擅长营造关爱的氛围

在一个团队中，2 号最擅长营造关爱的氛围，他们会运用自己的热情和个人魅力来打造一个特别融洽并充满关爱的企业氛围，有很多关心他人的行为，以此来获得他人的尊敬和认同。

◇ 权力追随者

2 号内心深处潜藏着极强的控制欲，因此他们最希望结交权贵人士，而且他们非常善于发现环境中潜在的胜利者，并能够让自己占据恰当的位置，成为领导者在制定策略和行动中的助手。通过维护权威，2 号不但确保自己的未来，也获得了他们想要的爱。

◇ 幕后的支持者

与其他野心家不同的是，2 号追求权力并不谋求个人的经济得失，而是为了满足他们内心想得到别人尊重的需要。也就是说，即便他们拥有领导者的才能，也不愿意当“老大”，而倾向于扮演“老二”的角色，因为这个位置让他们更有安全感。

2 号发出的 3 种信号

2 号性格者常常以自己独有的特点向周围世界辐射自己的信号，通过这些信号我们可以更好地去了解 2 号性格者的特点，这些信号有以下三种：

◇ 积极的信号

当你和 2 号相处时，2 号会努力让你觉得你是特别的，因此你值得他们花精力、花时间，你的需求会很快得到满足：他们帮你联系你想找的人，帮你达到你想要的目标，帮你争取你希冀的利益。总之，在 2 号这种全方位的周到呵护下，你感觉自己突然从丑小鸭变成了白天鹅，顿时自觉矜贵了起来，对未来充满了信心。

◇ 消极的信号

当你享受着 2 号给你的服务和帮助时，你渐渐会发现，2 号对你有着极强的依赖性。他们一刻也不让你离开他们的视线，每时每刻都在按他们自己的标准为你提供服务，而不管你需要不需要。而且，他们希望你能欢欣鼓舞地接受他们的服务，并给予高度的认同和赞美。也就是说，当你享受 2 号的服务，就意味着你愿意接受他们对你生活的安排，从此你将失去自己的决定力，渐渐就变成了一个被 2 号操纵的木偶，丧失了自我。

◇ 混合的信号

当你的利益和 2 号的利益发生冲突，2 号往往不会发出明确的反馈信息，而是会发出混合信息。也就是说，2 号不会为了利益直接跟你撒谎，但他们会精心设计和你的交流过程，将你渐渐引导至偏离的方向，让你脱离利益中心，渐渐让你处于完全的无知状态。久而久之，你从局内人变成了局外人，丧失了这场利益之争的主动权，也就丧失了胜利。

究其原因，是 2 号内心深处的骄傲情绪作祟，如果 2 号能够更多地关注自己的内心，无论是主观上还是客观上来看，都能有效降低 2 号内心的骄傲情绪，增添多一点谦卑的情绪。

对 2 号有利或不利的做法

2 号性格者需要学习一些对自己有利的做法，避免一些对自己不利的做法：

2 号性格者因为把时间都花在别人身上，因此花在自己身上的时间很少，他们常常遇到自身发展的问题，这时，他们会选择心理治疗或者冥想练习来找回真正的自己，希望把自己真正的需求和那些为了满足或反对他人所进行的改变区分开来。

◎发现自己并不谦卑，而是骄傲的。

◎学会与他人讨论自己，认识自己对他人的真正价值。既不要过分骄傲，夸大自己的重要性，也不应该表现得过于卑微。

◎发现自己的控制欲，并逐渐收敛。

◎不要为了讨好他人而违心地奉承对方，这常常使2号内心的焦虑感增强。

◎不要轻易为了他人而改变自己，要坚持自己的观点，保持统一的形象。

◎不要单凭第一印象来判断一个人的性格好坏，因为人们在交际时最初的情感反应往往是遮掩自己真正感情的虚伪面具，是不真实的。

◎当你的帮助被拒绝，不要生气，更不要有报复的念头。

◎当你感到痛苦时，不妨试着进行心理疗法，在一个小时的心理练习中集中注意力会受益匪浅。

第二章 与2号有效地交流

观察2号的谈话方式

2号是一种非常重视人际关系的类型，他们在与人相处时能够快速地赢得他人的好感，拉近彼此的关系。单从2号的谈话方式上，人们就容易感到一种被呵护的温暖，也容易对2号产生一种感激心理，愿意和2号交谈。

下面，我们就来介绍一下2号常用的谈话方式：

◎2号喜欢关注他人的需求，并尽力满足他人的需求。人们在和2号相处时，常常会从2号口中听到这样一些词：你坐着，让我来；不要紧，没问题；好，可以；你觉得呢？适当运用这类语言总是让人有一种很舒服的感觉。

◎2号的基本恐惧是不被爱，不被需要，因此他们常常感到没有安全感，就会不断地向他人索取赞美或认同。比如，2号经常会问孩子："爸爸/妈妈好不好？"也会问爱人："你爱我吗？"

◎在和他人聊天时，2号为了赢得他人的认同，往往对他人的观点表示认同，先满足对方的认同心理，因此他们常说："你说得对啊。""就是啊。"

◎在和人相处时，即便被对方惹怒，2号一般都会否认自己有不好的情绪。比如，如果你问面色不佳的2号："你生气了？"2号会肯定地回答："没有，怎么会呢？"

◎当2号感到自己被背叛时，性格就会变得暴躁起来，态度也变得强硬，会用命令的口气对他人说话："你，去给我倒杯水。""快去把这份文件打印10份。"

读懂2号的身体语言

当人们和2号性格者交往时，只要细心观察，就会发现2号性格者具有以下一些身体信号：

◎2号喜欢穿深色服装，因为大众化的服装容易得到他人的认同，而且，颜色过于鲜亮或款式过于新潮的服装也容易妨碍2号对他人的服务。

◎2号脸上总是洋溢着亲切的笑容，其友善的态度、主动开放的气质，给人一种亲人般的、知心的、一见如故的温馨感觉。

◎2号的眼神中总是流露出一股关爱的灵光，而且身体会下意识地向前倾。

◎2号会时刻留意身边人的感受和需要，并非常及时地在对方未开口之前便采取行动给予满足。比如当你觉得椅子不舒服时，2号会主动为你重新换一张椅子，但你觉得屋里空气太闷时，2号会主动提议带你去花园走走，当你不喜欢吃某道菜时，2号会主动介绍你吃另外一道菜……总之，2号仿佛就是他人肚中的蛔虫一般，总是能清楚地知道他人的需要，并及时给予满足。

◎2号是感性的，因此他们很容易把喜怒哀乐写在脸上，也正是因为他们的直接情绪表现，容易让其与他人的情绪产生共鸣。

◎2号不擅长关注自己，因此他们喜欢用暗示性语言表达自己的情感，而且，因为他们具备敏锐的观察力，能很快觉察到对方暗示性的情感表达，但有时候也可能觉察不到位或暗示不到位造成双方误会。

适时拒绝2号的帮助

2号性格者在帮助别人时，往往是从自己的立场出发，站在自己的角度来推测他人的需求，因此，他们常常会遭遇"好心办坏事"的尴尬。而作为被帮助者，也往往是有苦难言：一方面他们难以招架2号帮助他人的热心肠，一方面又确实不需要2号的帮助。如何拒绝2号的热心，又不伤害2号的自尊心，实在是一件不容易的事情。

有一个人很喜欢研究生物，很想知道蛹是如何破茧成蝶的。有一次，他在草丛中玩耍时看见一只蛹，便带回家，日日观察。几天以后，蛹出现了一条裂痕，里面的蝴蝶开始挣扎，想破壳而出。艰辛的过程达数小时之久，蝴蝶在蛹里辛苦地拼命挣扎，却无济于事。这个人看着有些不忍，想要帮帮它，便随手拿起剪刀将蛹剪开，蝴蝶破蛹而出。但没想到，蝴蝶挣脱以后，因为翅膀不够有力，变得很臃肿，根本飞不起来，之后，痛苦地死去了。

破茧成蝶的过程虽然非常痛苦与艰辛，但只有付出这种代价才能换来日后的翩翩起舞。外力的帮助，反而让爱变成了害，违背了自然规律，最终让蝴蝶悲惨地死去。自然界中这一微小的现象放大至人生，意义深远。

这对一味地希望帮助他人的2号也是一个警醒，对被2号帮助的人们来说更是一个深刻的教训。因此，当2号提供的帮助与人们自身的发展相违背时，适时拒绝，才能避免“好心办坏事”，让彼此都受益。

为了顾及2号的面子，不伤及2号的自尊心，人们又不应直接拒绝，而要尽量采取婉转拒绝的方式，既要表明对2号提供帮助的感激，更要让2号觉得收回他们的帮助其实是更好的一种帮助。

一般来说，人们拒绝2号的帮助时可采取以下几种委婉的拒绝方式：

◇ 巧妙转移法

不好正面拒绝2号的帮助时，人们可以采取迂回的战术，转移话题也好，另有理由也罢，主要是善于利用语气的转折——绝不会答应，而不致撕破脸。比如，先给予对方赞美，然后提出理由，加以拒绝。由于先前对方在心理上已因为你的同情而对你产生好感，所以对于你的拒绝也能以“可以谅解”的态度接受。

◇ 幽默回绝法

幽默地拒绝2号的帮助，是希望对方知难而退。钱锺书在拒绝别人时用了一个奇妙的比喻。一次，钱锺书在电话里跟对他的作品非常有兴趣并想拜访他的英国女士说：“假如你吃了个鸡蛋觉得不错，又何必认识那个下蛋的母鸡呢？”用下蛋的母鸡比喻自己，不但巧妙生动，而且表现出了钱老和蔼可亲的性格。

◇ 肢体表达法

要招架2号帮助他人的热情并不容易，因此，人们如果难以直接开口拒绝，那就巧妙使用肢体语言。一般而言，摇头代表否定，别人一看你摇头，就会明白你的意思，之后你就不用再多说了。另外，微笑中断也是一种拒绝的暗示，突然中断笑容，便暗示着无法认同和拒绝。

总之，委婉拒绝2号的帮助不仅是一种策略，也是一门艺术，只有做到这一点，才能避免自身的损失，也在一定程度上促使2号更清醒地看待他人的需求，从而促进他们的自我提升。

第三章　透视2号上司与下属

和2号上司保持经常性的接触

2号领导者注重人际关系，因此他们喜欢和员工经常沟通，以了解员工的工作状态、自我提升方向，才能尽力满足员工需求，帮助员工成长。然而，许多人有“畏上”情绪，总是害怕和上司沟通。这种情况，多发生在一些初入职场的年轻人身上，以年轻女白领最为突出。这样，你容易给2号一种“我不被认同”的感觉，而渴望回报的2号就会选择忽视你，转而关注那些认同他的员工。彭莉在公司干了五年多，她做事认真细致，和同事、下属关系都很融洽，却一直没有得到晋升的机会，为此，她很苦恼。好朋友帮她分析，认为是她惧怕老板的心理导致的。

在公司里，彭莉总是很惧怕领导，不管是部门主管，还是行政经理，她几乎都很少交流。尽管她十分欣赏她的顶头上司，认为他敬业、有才华、对下属负责，但她不知为什么一见上司就底气不足，对和上司沟通的事能躲就躲。

有一次，因为她没有听清楚上司的意思，又不敢去向上司请教，就导致上司交给她的工作被耽搁。事后，上司问她：“为什么你不过来再问一声？”

她说：“怕你太忙。”

上司很生气：“我忙我的，你怕什么？”

从那之后，彭莉就更害怕和上司沟通了，只要她一和上司沟通，就紧张得不得了，出现脸红、心跳、说话不利索的状态。上司看见她这样，也就很少和她单独沟通。

一次晋升的机会来临了，彭莉很想拥有这个机会，但又犹豫了，因为升职后的工作会面临比较复杂的关系，需要经常和上司保持沟通。她觉得自己天生怕领导，可能胜任不了。而她的上司也认为彭莉难当大任，就将晋升的机会给了另一个同事，其实那个同事的能力远远不如彭莉。事后，彭莉后悔不已。

彭莉的这种心理，代表了许多身在职场的女人的心理，尤其是刚刚工作不久的女生，特别喜欢和上司玩“藏猫猫”的游戏。不过，即便你再腼腆，如果迎面碰上了顶头上司，也一定要鼓足勇气主动开口说话。不管出于什么目的，和顶头上司玩“藏猫猫”的游戏绝非明智之举，要知道，他可是掌握你生杀大权的人，从任何角度来说，多和他沟通交流对你的职业发展都是有益无害的。

因此，见到上司时，你最好面露微笑，落落大方地和他打声招呼，有机会的话，不妨多和他谈谈工作上的事情，让他知道你的想法、看到你的努力，一来表明你很懂礼貌，二来说明你对工作很上心，三来他兴许会提供一些不错的建议给你……简单地说上几句话就有这么多好处，何乐而不为呢？

其实人与人相处，关键是信任。和上司相处，首先也得赢得他的信任。要获得 2 号上司的信任，其实很简单，只要你多和 2 号上司接触，多谈谈你的工作状态，多听听 2 号上司的建议，多赞美 2 号上司的优点，你就能和他建立较为亲密的关系，就能以“朋友”的心态来对待彼此。

总之，如果你与上司之间缺乏联系，会使双方越来越不信任和不尊重你，更重要的是会很大程度地影响到你加官晋爵的机会；相反，如果你与上司保持经常性的接触，就能保持良好的沟通，并取得上司的信任，对自身的发展是十分有利的。尤其是对于喜欢帮助他人的 2 号上司来说，你经常和他接触的行为就是对他最大的认同，也是他最大的快乐。

跟 2 号员工沟通要有人情味

身为领导者，在与 2 号员工相处时，要注意经常与他们保持情感上的沟通，因为 2 号员工总是留意身边人的情绪、情感并主动关怀，同时，他们也渴望得到身边人对自己情绪、情感的关注，并且渴望与身边人倾诉。因此，领导者如果能够保持与 2 号人格下属的情感沟通，就能够让他们感受到自己被关注和被爱的感觉，2 号就会更积极地工作，为企业贡献更多。

因此，领导者要对 2 号员工优异的工作表现给予及时赞赏，对于他们偶尔出现的工作失误或业绩欠佳情况，要以鼓励的方式劝导他们专注自己应该完成的本职任务以帮助其提升业绩。因为 2 号人格下属的表现欠佳，往往是因为太过关注身边人的状态，并帮助后者处理事情，以致占用自己过多工作时间及精力造成的。因此，不断提醒 2 号人格下属关注本职工作，是对他们的有效帮助。这样做，也会让他们感受到被真正关注的价值感。

法国企业界有句名言："爱你的员工吧，他会百倍地爱你的企业。"一个不懂关心自己手下员工的管理者，他的企业永远不会成功。

放心地分配任务给 2 号员工

当领导者分配给 2 号员工一项任务，并对他说："我相信你一定会做得很好。" 2 号员工就会感到自己被认可，自己被需要，他们就会拥有超强的自信，就能滋生出强大的奋斗欲望来，尽心尽力地做事。因此，领导者大可放心地分配任务给 2 号员工，并做好过程中的监督，就能促使 2 号高效率、高质量地完成任务。

此外，领导者常常会发现 2 号员工在工作过程中喜欢与人相处，甚至是过多开展人际交往的情况，不要因此而判定 2 号渎职，更不要去干涉 2 号的这种行为。因为这是 2 号人格下属开展工作的方式，他们并不因此觉得辛苦。你需要做的是留意到他们是否因为人际交往被占用了太多本职工作时间，以致其经常加班，若是这种情形，此时就应以劝导的方式帮助他们意识到其本职工作更重要，提醒他们从过多的人际交往中抽身出来，专注自己的工作任务乃当务之急。

第四章　2号打造高效团队

2号制订最优方案的技巧

作为一个团队的领导者，2号能轻易地看到团队成员的个人需求，并努力给予满足。在他们看来，领导者应该被这样解释："我的任务就是评价每个团队成员的优点和缺点，然后鼓励和推动人们为实现公司的目标而不断努力。"在2号看来，为公司目标努力的过程其实就是为自我目标努力的过程，一旦公司目标实现，人们的个人目标也容易被实现。

在制订方案时，2号往往有着以下一些特点：

◇ 预测能力强

2号因为善于观察他人的需求，因此常常有着高度敏锐的直觉，在面对众多方案时，经常能预测出哪一个方案将被欣然接受，哪一个方案将会遇到阻力。这是因为，2号可以理解他人的渴望和意图，也会在方案制订和执行的过程中注意到组织的规范和价值观。

◇ 重视权威性

面对一个方案，2号习惯把注意力放在方案制订的权威结构上，这样可以只微调他们的能力就能精心安排其他人或事。但是，内心的控制欲使得他们不敢受人操控，因此他们并不总是遵守正式的方案制订结构。对此，2号自己的解释大多是："这个方案是在别人的范畴里的，我需要自己制订方案，因为事情需要这样做，而且这样就不会有人感到不舒服。"或是："在我做出最终方案前，我想知道其他人是怎么想的。"

◇ 易受他人影响

2号在制作方案时，非常关心权威人士和那些他们所喜欢和敬重的人的反应，同时他们也关心那些下属的反应。2号相信如果他们的跟随者对他们感到失望和气愤，那他们的领导力将会减弱。在某种程度上，这个观点来自2号相信人们是愿意跟从自己所绝对倾向的那种领导，事实上这个观点也是2号通过经常建立正面关系来领导的一个副产品。

◇ 更喜欢影响方案

2 号并不喜欢当领导者，而是喜欢当领导者幕后的助推手。因此，2 号并不喜欢主动制作方案，而是喜欢在了解其他人的方案的基础上，全面地思索一番，再提出自己的意见，而且，这样的意见往往扬长避短，操作性较强，容易为 2 号赢得大家的称赞。相反，如果让 2 号独自制订方案，他们心中的不安全感就会增强，使得他们不舒服，尤其是在方案风险水平较高且其被广泛接受的可能性偏低的时候，2 号可能会变得更加烦恼。这时，他们就可能不再做那些他们认为正确的事，而开始过分地迎合其他人对他们的看法，而且会因为这些人可能不喜欢他们所制订的方案感到焦虑。

总之，2 号在制订方案时要注意运用自己的直觉力量，更要尽量排除他人的干扰，才能制订出最优的战略方案。

2 号处理冲突的能力

2 号秉持“付出是为了回报”的生活理念，喜欢关注他人的需求，并尽己所能给予满足，并希望通过对他人的帮助行为来为自己赢得好的名声、物质感谢等回报。也就是说，如果有人在接受了 2 号的帮助后，没有表现出半点感激之情，而是一副心安理得的态度，或是他人给予的回报违背了 2 号的预期，就容易激起 2 号的怒火，也就容易和 2 号发生冲突。如何平息这些冲突，就要考验 2 号处理冲突的能力了。

一般来说，2 号会采取以下方式来处理冲突：

◇ 建立坦诚关系

2 号十分注重人际关系，而且他们也十分擅长利用人际关系来满足自己的操控欲，因此，他们在面对冲突时，第一时间会表现出绝对的坦诚：渴望倾听、为他人提供帮助、给出意见。正是因为 2 号的这种坦诚态度，2 号总是能轻易地建立起融洽的人际关系，让很多人都相信能够依赖 2 号及时满足自己的需求。但是，2 号常常因为过于关注他人而透支自己的精力。因此，当 2 号意识到他们付出的远远多于他们的收获，也应该以一种坦诚的态度拒绝再付出，严重时甚至可能断绝在这之前对他们而言很重要的关系。

◇ 有效沟通

在与人沟通时，2 号总是一味地关注他人的需求，而很少谈论自己。尽管 2 号常常对他人说很多表扬话和恭维话，常常面带微笑，用柔和的声音附和他人并鼓励他人告诉他们更多的事情。但沟通是双方的信息交流，2 号避而不谈自己的信息，就容易给人以不易亲近的隔阂感，也就使得沟通难以深入下去。而且，当 2 号烦躁或疲惫的时候，或者他们不喜欢某人或那个人说的事时，2 号就会变得烦躁不安，甚至愤怒或抱怨，就容易与他人发生冲突。

针对这种情况，2 号应更多地反省自己，试着向他人适当透露一点自己的内心世界，赢得他人的理解和包容，冲突也就会渐渐淡化。

◇ 全面倾听

2 号渴望探知他人的需求，因此他们常常是很好的倾听者，他们很容易与人交谈，也非常有同理心，但是大多时只是完全倾听那些让他们感觉亲近的人、那些他们相信需要也想要他们帮助的人、那些他们想取悦的人，还有那些有显赫地位和影响力的人。而且，2 号在倾听的时候容易受先入为主的想法影响，这就容易干扰他们的视听，使得他们难以对他人作出客观的评价。而当他人的观点可能伤害 2 号想保护的人的时候，2 号就会充满了紧张和想保护他人的忧虑，常常激烈反驳他人的观点，从而引发冲突。

为了避免这种情况，2 号在与人接触交流前，最好对他人有一个较为全面的了解，以便对对方有一个尽量客观的评价，才不至于因为观点不和而闹得不欢而散。

ENNEAGRAM

第四篇

3号实干型：只许成功，不许失败

第一章　3号实干型面面观

3号性格的特征

在九型人格中，3号是典型的实干主义者。他们有着较强的竞争意识，倾向于把世界看作一次赛跑，在这次比赛中他要求自己必须有优异的表现。他们认为，一个人的价值是以他取得的成就和相应的社会地位来衡量的。因此，他们重视效率，追求成功，很善于表达自己的想法。他们的示范，对周围的人也有激励作用，从而产生成就大事的能量。而且，他们总是关注目标，任何事情都要有明确的目标指引，绝对不做无意义的事情。

3号的主要特征如下：

◎充满活力与自信，在与人交往时表现出风趣幽默、处世圆滑、积极进取的一面。

◎非常注重自己的外在形象，希望时刻给人绅士、淑女等好印象。

◎适应能力强，见什么人说什么话。

◎害怕亲密关系，不喜欢依赖别人，不喜欢跟别人太过亲密，怕受到伤害，怕被人发现弱点。

◎喜欢竞争，有着强烈的好胜心，不愿接受失败。

◎一旦失败，会非常沮丧、意志消沉。

◎是个雄心勃勃的野心家，希望引起别人关注、羡慕，成为众人的焦点。

◎是典型的工作狂，他们在工作的时候往往能全心投入，忽视个人情感。

◎行动能力强、工作效率高。

◎靠自己的努力去创造，相信“无功不受禄”，亦相信“天下没有搞不定的事”。

◎看重自己的表现和成就，喜欢通过一些具体的行为来衡量自己在他人心目中的地位。

◎信奉理性至上的原则，不注重自己的精神需求，也不懂得顾及别人的感受。

◎认为经济基础决定精神生活，相信只要有足够的物质基础，就能获得爱情。

◎重视名利，是个现实主义者，为维持一些外在假象，甚至可以冷酷无情，不择手段，有时甚至牺牲情感、婚姻、家庭或朋友。

◎喜欢炫耀，常常在别人面前夸耀自己的能力、才华、背景、家庭、伴侣，自我膨胀得很厉害，有些更是自恋者。

◎基本上是一个受人欣赏、有能力、出众的人。

3号性格的闪光点

追求成功的3号性格者有很多优点，以下这些闪光点值得关注：

◇ 注重形象

3号注重自己的形象，他们喜欢以自己最体面的一面展示人前，他们一直认为自己是人群中成功的典范，所以会用成功者的形象来显示自己，往往给人以雄心勃勃、意气风发的潇洒形象。

◇ 充满激情

3号对于手头的工作和未来的目标总是充满激情，为了达到目标，他们干劲十足，好像有用不完的精力，总是把工作安排得满满的，尽心尽力地工作，不成功不罢休，是个十足的工作狂。

◇ 追求成功

3号以追求成功为乐，具有强烈的成果导向和成果意识，他们认为，虽然实现目标的过程和努力十分重要，但更重要的却是成果本身。而且，3号能够为了目标而不懈努力，直到成功为止。

◇ 喜欢竞争

3号把胜利作为自己的第一需要，所以处处表现出竞争性。他们喜欢竞争、迎接竞争、参与竞争，甚至是挑起竞争，只因为他们希望通过竞争的方式来证明自己的价值。

3 号发出的 3 种信号

3 号性格者常常以自己独有的特点向周围世界辐射自己的信号，通过这些信号我们可以更好地去了解 3 号性格者的特点，这些信号有以下三种：

◇ 积极的信号

无论是对待生活还是工作，3 号都秉持一种积极乐观的态度，他们对未来充满信心，认为“我们一定会成功”，因此努力工作，努力生活，并用自己积极乐观的精神影响身边其他的人，激发其他人的正面情绪，从而带动一个团队的发展。从这个方面来看，3 号可以成为非常敬业的领导者：他们有坚定的信念，敢于承担责任，愿意把大部分任务都揽到自己身上。

◇ 消极的信号

3 号因为将注意力集中在人、事的价值上，而且他们只关注那些对他们有价值的人、事，因此容易忽略身边人的心理感受。因此，作为 3 号的朋友、伴侣，时常会感到孤独，因为 3 号将大部分时间和精力都投入了工作中，他们没有时间也不懂得给予对方精神上的安慰和帮助。总之，3 号经常为了工作而牺牲友情、爱情。

◇ 混合的信号

为了追逐成功，3 号让自己处于一直忙碌的状态，因为他们害怕一旦自己停止忙碌，就会导致失败，那是他们无法承受的结果。他们认为快乐就是他人的认可，以及实质性的财富和社会奖励。由此可见，3 号往往将物质和精神混为一谈，狭隘地认为物质决定精神，只要物质丰富，精神就不会贫乏。在这种思想误导下，3 号经常成为物质丰富、精神空虚的所谓成功者。

3 号在安全和压力下的反应

为了顺应成长环境、社会文化等因素，3 号性格者在安全状态或压力状态的情况下，有可能出现一些可以预测的不同表现：

◇ 安全状态

处于压力状态下，3 号常常会呈现 6 号怀疑型的一些特征。

3号喜欢紧张忙碌的生活，因此他们喜欢刺激和竞争的环境。而当他们进入一个安定和平的环境中时，他们往往感到无所适从，甚至觉得痛苦万分。其实，安定和平的环境更有利于3号找到真正适合他们的工作节奏，但3号往往忽略了这点。

由此可见，3号大多是被迫进入安定和平的环境的，比如他们的家人、伴侣因为情感无法得到满足而向3号提出了坚决的要求，3号两相权衡利益后，最终选择答应家人、伴侣的要求。当然，3号也有可能突然反省，意识到情感生活的重要性，从而主动进入安定和平的环境，但这种情况较少。

3号在安全状态下的怀疑思维能够帮助3号调整他们的过度自信，抛下他们的面具，帮助他们学习重新考虑、思考和等待，并学会如何去爱，更能放弃以前急功近利的心理，用心去感受他人真挚的情感。

◇ 压力状态

处于压力状态下，3号常常会呈现9号调停型的一些特征。

当3号感到压力、危险时，首先会加强他们的防范心理，将注意力集中到他们手头的任务上，借此来压制内心的焦虑感。如果焦虑感还在提升，3号会开始自我安慰："我做得很好，我一直在努力。"而随着压力逐渐变强，自我安慰已经不起作用，3号为了避免自己失败，就会朝着任何一个能够让他们保持动力的方向前进，他们的性格也会向9号转化，找不到前进的方向，只得将精力更多地投入身边的琐碎事务上去，比如看电视、打游戏、做家务。但是，这样并不能消除3号内心的焦虑，反而加深他们心里的脆弱感，使他们开始抱怨命运。

在压力状态下，3号因为找不到正常生活的节奏，因此不得不把自己的希望寄托在他人身上，就使得3号开始看到真挚情感的重要性。这种因为自己而被爱，而不是因为自己的所作所为才被爱的感觉，将成为他们对抗压力的强心剂。

第二章　与3号有效地交流

观察3号的谈话方式

3号注重效率，因此他们说话时喜欢直奔主题，直截了当地说出自己的观点，提出自己的意见，绝不拖泥带水，给人以干脆利落的感觉。

下面，我们就来介绍一下3号常用的谈话方式：

◎3号注重效率，因此他们说话常常语速较快，这是为了在单位时间内表达更多的信息，以便在下一刻能做更多的事情。

◎3号说话时喜欢用简单的字词、句子，不仅能直达中心思想和目标，还给人一种有力量的感觉。他们常说的字词有：目的、目标、成果、价值、意义、抓紧、浪费时间、做事情、行动、赞扬、认同、能力、水平、第一、最好、竞争、面子、形象等。

◎3号声音洪亮，喜欢使用抑扬顿挫的语调说话，能有效调动听众的情绪，获得他人的高度赞同，甚至在许多时候，人们会因为自己跟不上3号的讲话节奏以致错过精彩而引以为憾。

◎3号注重思维的逻辑性，以及行动的快速性，他们在说话时也非常有逻辑、有效率，同时只关注重点。

◎3号不喜欢谈论哲学话题，那些冗长的分析和感性的认知让他们感到无聊，同样，他们也不喜欢和他人进行长时间的谈话。

◎3号喜欢为自己塑造积极乐观、能干的形象，因此他们通常会避免显示自己消极一面的话题或一些自己所知甚少的话题。

◎3号不喜欢和能力差、没有自信的人谈话，当他们认为对方没有能力或不自信时会变得不耐烦，而且不太相信那些没有能力或不自信的人所提供的信息。

◎3号在说话时喜欢配合相应的身体语言，讲到高兴处，常常眉飞色舞、手舞足蹈，使人们能够通过3号的声音以及神态，看到3号所描述的画面，有一种身临其境的感觉。

读懂3号的身体语言

当人们和3号性格者交往时，只要细心观察，就会发现3号性格者具有以下一些身体信号：

◎3号十分注重形象，他们多保持适中的身材，以满足当下审美对身材的要求。

◎3号十分注重自己的着装，既要达到光鲜亮丽、夺人眼球的效果，但又要避免出现哗众取宠的情况。一般来说，3号男性喜欢给人一种洒脱的感觉；3号女性喜欢给人一种干练的感觉。而且，他们喜欢针对环境来着装，以使自己更好地融入环境中，但又不失自己的独特风格，轻易抓住他人的眼球，获得他人的好感。

◎3号在与人交流时，常常眼神专注且充满自信，时时流露出自己内在的实力和魅力，其以充满“杀伤力”的眼神投向身边的人，让人有一种渴望与其接触但又怕被刺伤的“欲罢不能”的感觉。

◎3号喜欢塑造挺拔的形象，因此努力让自己“站如松，坐如钟”，但他们的肢体语言非常丰富，大多数情况下很难安静坐好，但是其刻意控制自己体态的做法，会给人一种“表演”的感觉。

◎3号注重肢体语言的表现力，因此他们在谈话时常常搭配相应的肢体动作，尤其在手势方面更加懂得与眼神所传递的信息配合，给人一种活力四射的感觉。比如，3号在向他人表示友好时，总是摊开双手给人一种开放态度的亲切感。

◎3号态度圆滑，擅长根据不同的场合及公众的要求做出相应的改变，以恰当的言语沟通方式迅速融入所置身的公众场合。

对 3 号，不相争多合作

3 号性格者的好胜心和比较心都特别强，事事都要求自己比他人强，事事都要求别人的认同和赞美，这也成为他们的上进心和追求成功的原动力。当看到别人成功时，他们的第一个反应就是："总有一天我会比你成功。"当他们面对和自己实力相当的人时，会不由自主地产生好胜心：我一定要做得比你好，我一定要比你强。"

因此，当你遇到 3 号时，如果你喜欢他们，欣赏他们的勤奋和拼劲，就不妨降低自己的竞争心，尽量配合他们，帮助他们达成目标。而且，当你与他们站在同一阵线时，3 号也乐于保护你，与你分享他们的成就。

人们在面对 3 号那样极富竞争力的对手时，与其对抗，弄得两败俱伤，不如适当服软，甘当配角，积极配合 3 号的行动，帮助 3 号获得更大的成功，也就为自己赢得了 3 号的保护，为自己赢得了更好的发展。

第三章　透视 3 号上司与下属

实干的你易受 3 号老板青睐

3 号性格者追求成功，他们能够为了自己的目标不断努力，有着强烈的实干精神。因此，他们不喜欢高谈阔论，对纯粹的理论家也没有好感，他们觉得这个世界是由实干家支撑起来的，理论家只能沦为配角。

在 3 号看来，目标的达成在于行动，因此他们视行动为生活的重心，使自己永远投身于实际的行动中。因此，当别人在探讨一些不切实际的理论时，他们却努力将一个主意转化为一个实际的行动，并且具体去实施。由此来看，3 号是个十足的实干主义者，他们不仅要求自己具有实干精神，也在很大程度上激发着身边人的实干精神。

德国科利银行招聘经营管理职员，有一位年轻人参加了应聘。

总经理请他谈一谈公司的未来。他回答说："我认为公司的发展应当是秩序化的管理，而不是什么关于未来的夸夸其谈。因为我到您这里的时候，已经看到了公司的不良现状……"他的发言十分精彩，但在他滔滔不绝地阐述完自己的观点后，总经理说："你是到本公司面试的第 109 个人，其中有 84 个人持有与你一致的观点。"

年轻人不免感到十分失败和沮丧，他礼貌地起身告辞。走到门口的时候，发现地上有一个钉子，他捡起来装在口袋里，离开了公司。

一个星期后，他接到了公司的录取通知。年轻人惊讶地问总经理："我的回答不是没有什么特别之处吗？"总经理说："那些道理很多人都会说。重要的就是你离开时捡钉子的行为，让我很满意。要知道，有多少面试的人都只会长篇大论，而不会在实际中务实地去做。只要你这么做了，就证明你非常务实！"

这位务实的年轻人就是后来的德国科利银行公司总裁克劳斯特·宾。"我们强调知行合一，但人们往往知而不行。"空谈只会成为阻碍我们行动的恶习。工作中，很多人都有许多很好的想法，但面对落实的具体方法、关键措施，却往往很少花心思、动脑筋、费精力。

3 号追求真实存在的利益，而不去管那些虚无缥缈的理论，相较未来，他们更看重现在，相较口才，他们更看重能力。因此那些喜欢空谈不重实干的员工违背了 3 号上司的实干主义，也就不会得到 3 号上司的赏识。

有担当的员工，易讨 3 号上司欢心

3 号性格者总是有着较强的优越感，认为自己高人一等：比别人聪明、勤奋、能干、幽默、性感……总之，在所有的竞争中，3 号都倾向于自己获胜的结果。他们视自己为强大的代名词，很少有错误发生。在这种思想的长期影响下，3 号就养成了"一贯正确"的意识，拒绝承认错误，总认为那些自己所谓的缺点都是由别人的错误造成的，却不知，正是这种不能正确认识自我的行为，使得他们在前进的途中偏离了正确的方向，阻碍了他们最大限度地挖掘自己的潜力，也阻碍了他们追求成功。

但是当 3 号看别人时，则不会有这样偏执的念头，他们能轻易看到他人

的错误，并认为这是别人劣于自己的表现。如果这个犯错的人敢于承认错误，敢于承担责任，则更是承认了3号的优越感，常常得到3号的理解。而且，在3号看来，这种敢于认错的行为也是变通思维的一种表现。

刘瑞是一家商贸公司的市场部经理。在他任职期间，他没经过仔细调查研究，就批复了一个职员为纽约某公司生产5万部高档相机的报告。等产品生产出来准备报关时，公司才知道那个职员早已被"猎头"公司挖走了，那批货如果一到纽约，就会无影无踪，货款自然也会打水漂。

刘瑞一时想不出补救对策，一个人在办公室里焦虑不安。这时老板走了进来，见刘瑞的脸色非常难看，就想问他怎么回事。还没等老板开口，刘瑞就立刻坦诚地向他讲述了事由，并主动认错："这是我的失误，我一定会尽最大的努力挽回损失。"

老板被刘瑞的坦诚和敢于承担责任的勇气打动了，答应了他的请求，并拨出一笔款让他到纽约去考察一番。经过努力，刘瑞联系好了另一家客户。一个月后，这批照相机以高于原价的价格转让了出去。刘瑞的努力得到了老板的嘉奖。

人的本性就是趋利避害，所以当人们犯下错误时，本能的反应就是掩饰或是辩解，而这往往只能起到欲盖弥彰的效果，"过而不改"是人们工作中的一大弊病。错误一旦犯下，就像射出去的箭，不可能掩盖得住，与其最后被别人揭下面具，不如自己揭去，后者失去的是面具，前者失去的则是人格。

因此，当你面对3号上司时，要勇于承认错误，敢于承担责任，这不仅能够更好地解决问题，也能在一定程度上帮助3号上司反省自己的错误，更客观地看待自己，促使更好地发展，也能带领团队更好地发展。

引导3号员工良性竞争

3号性格者具有极强的比较心和好胜心，他们喜欢和他人比较，并力求在这种比较中获胜，所以他们处处表现出竞争性。他们在工作生活中不仅迎接竞争、参与竞争，勇于面对挑战，也常常主动挑起竞争。

3号过于关注目标，为了在竞争中获胜，他们常常不择手段，陷入恶性竞争。而且因为他们忽视个人的情感，也就难以意识到这种恶性竞争对自己及他人所造成的感情伤害。因此，当他们的成功使别人失败时，他们会说："我并没有击败他的意图。"在他们看来，这种竞争只不过是想争一口气，出人头地，并非是为了击败对方，而是完全出于他们对事业的爱。

3号对竞争的这种不正确认识，往往阻碍了团队的健康发展。因此，领导者在管理3号时，需要引导3号向良性竞争发展，多跟自己比，而不要和他人争斗，从而步入恶性竞争的误区。懂得良性竞争，坦然接受失败，不悲观、不气馁地继续努力工作，才能为自己迎来成功——升职。

第四章 3号打造高效团队

3号提升自制力的方式

3号自制力有以下三个阶段：

低自制力阶段：算计者。认知核心：3号十分恐惧失败，因为失败会让3号觉得自己没有价值。处于低自制力阶段的3号性格者只关注自己的成功，几乎不关注其他的人、事。为了塑造自己的成功者形象，为了获得自己的成功，比如荣誉、金钱、职位、名望等成功因素，他们可以忽略内心的真正情感，可以损害他人的利益。因此，他们多给人以骗人的、自私的、投机的恶劣印象。

中等自制力阶段：明星。认知核心：3号焦虑自己何时能获得成功、怎样去维系自己的成功等问题，时刻期望获得他人的尊敬。处于中等自制力阶段的3号经常以他们的人际关系为代价而聚焦在目标和工作上，他们横冲直撞，争强好胜，渴望得到别人的认可，希望把竞争对手甩得远远的。尽管他们有时也能够体谅他人的感受，适当做出让步等友善举动，但这往往只是他们的伪装，只是他们获得成功的一种手段。因此，从不关注自身情感的3号时常为"我是谁"而困惑。

高自制力阶段：可信任的人。认知核心：3号开始看到自己内在的价值观，并懂得遵循事情发展的规律和顺序。处于高自制力阶段的3号开始关注自己的内心情感，经常自省，他们探索真实的自己，而不是他们实现了什么。他们清醒地认识到，自己并不总是处于高峰上，也敢于承认自己的种种缺点，会表现出真诚、自信、发自内心的坦率等特征，具有很强的感染力。3号性格者追求成功，而且能够为了成功不懈努力，竭尽全力去达到特定的目标。而且，为了获得他人的尊敬和认可，他们十分注重形象，竭力将自己塑造成一个成功者的形象，并极力表现他们的成功。

由此看来，3号提升自制力的重点在于：尽量关注自己及他人的情感世界，更客观地看待成功。

一般来说，3号可以通过以下方式来提升自己的自制力：

◇ 开始关注“我是谁”

工作中再忙，3号也要抽出时间来关注自己的内心情感，问问自己：“我是谁？”“我现在做的一切是为了什么？”“我感到快乐吗？”“我烦恼的原因是什么？”“我这么劳累值得吗？”每天至少用30分钟的时间来独处，不要做任何工作或从事那些你所关注的事情（比如看电影、逛商店），并写下自己的心理感受。长此以往，你就会越来越清楚自己的优劣势，拥有更清晰的目标，也有更高的工作效率，获得更快更好的发展。

◇ 承认你的弱点

当你感到烦恼、焦虑、悲伤，如果你能勇于承认，并敢于和他人讨论你的错误和失败，从中找出错误和失败的原因，不仅容易赢得他人的尊敬，更能促进自己的发展。因此，3号不仅要在心中更多地检讨自己的错误和失败，更要定期和同事开个检讨会，一起深思，以此为戒，并有效激发集体力量，寻找到更好的解决方法。

◇ 适当克制工作欲

3号性格者常常将生活时间用于工作，从而损害了生活的利益。因此，3号不仅要为自己的工作设定目标，也要为自己的生活设定目标，将其放在心灵天平的两端，并审视这两个目标的完成情况，时刻保持天平的平衡。这样，3号就懂得克制自己的工作欲，将注意力投入生活中去。

总之，阻碍3号提升自制力的重点在于他们过于关注工作，而忽视了对自己内心情感的关注，只要他们能够清楚地认识到“我是谁”，适当将注意力从工作转移到生活中去，就能解决这个问题。

3号制订最优方案的技巧

3号追求成功，并愿意为成功付出一切努力，当他们担任一个团队的领导者时，他们通常会这样理解自己的作用："我的任务就是在人们理解了公司的目标和结构后创建一个能够达成最终成果的环境。"那么，如何创建这个能够达成最终成果的环境？这就需要考验3号制订最优方案的能力。

在制订方案时，3号往往有着以下一些特点：

◇ 具有预见性

追求成功的3号十分注重方案的好坏，在他们看来，制订一个好的方案然后执行，将会带来成功，而一个不好的方案，不管最后执行得如何，都将不可避免地导致失败。

◇ 全面收集信息

3号在制订方案时，习惯全面收集信息，他们通常会考虑组织文化、制订方案的权力范畴，以及围绕这个特殊问题的环境背景。从心理学的角度来说，尽管3号是心中心的核心类型，当制订方案时他们更倾向于脑中心而不是心中心。他们处理相关信息，以便作出理性选择，制订方案，然后转而执行。

◇ 注重执行力

3号在制订方案时十分看重方案的执行力，将其作为制订方案的要素之一。他们喜欢假设不同的执行情况，常常运用心中心来评估组织中的关键人物对选择不同方案会作出什么样的反应，也很可能用身体中心来选择怎么样去执行一个方案，最终再根据这些假设的情况，来选择一个最可能取得最大成功的方案。

◇ 较强的计划性

3号喜欢做事有计划，也想知道计划会将他们引向哪里。因此3号常常很喜欢制订方案，因为这样做让3号感到他们在为那些直接影响他们的重要结果负责。但是如果结果不确定或是中间掺杂了人们的深层感受，3号也会感到非常痛苦。

◇ 领悟个人感情

3号不关注自己的感情世界，因此当方案中卷入了强烈的个人感受，包括3号自己的感受时，快速方案制订者的3号可能就会僵住了，因为他们的脑、本能和心都告诉他们现在要用不同的方式。这时，3号不要急着下决定，而要学会领悟个人感情，找时间去获得更多的信息和反思，往往能帮助3号制订出更好的方案，也是更明智的方案。

总之，3号一方面要保持自己快速制订方案、快速执行的优势；另一方面也要适时停下思考自己的情感，更全面地看待问题，才能制订出更好的方案。

ENNEAGRAM

第五篇

4 号浪漫型：迷恋缺失的美好

第一章　4号浪漫型面面观

4号性格的特征

在九型人格中，4号是典型的浪漫主义者，他们是天生的艺术家。他们容易被真诚、美、不寻常及怪异的事物吸引，会翻开表面以寻找深层的意义，他们对关心的事物表现出无懈可击的品位，他们任凭情感的喜恶去做决定，最好的事物总是最能轻易满足他们。在别人眼中他们可能像强烈及浮夸的悲剧演员，或是爱管闲事而刻薄的评论家。然而在他们最佳的状况时，4号是一个兼顾创意和美感的人，过着热情的生活，并表现得优雅，具有极佳的品位。

4号的主要特征如下：

◎关注自己的情感世界，不断追寻自我，探索心灵的意义，追求的目标是深入的感情而不是纯粹的快乐。

◎重视精神胜于物质，凡事追求深层的意义。

◎被生活中真实和激烈的事物深深吸引，比如生死、灾难、遗弃等。

◎带有忧郁感，被生命中的负面经历所吸引，特别易被人生哀愁、悲剧所触动。

◎总觉得别人不理解自己，认为被他人误解是一件特别痛苦的事。

◎敏感于他人对自己的态度，经常不被人理解，常常眼神略带忧伤。

◎害怕被遗弃，内心总是潜藏着一种被遗弃的感觉。

◎能够感同身受，对别人的痛苦具有深层且天赋的同情心，会立刻抛开自己的烦恼，去支持和帮助在痛苦中的人。

◎依靠情绪、礼貌、华丽的外表和高雅的品位等外在表现来支撑自己的自尊。

◎追寻真实，但总感觉现实不是真的，相信当个人被真爱包围时，真正的自我将出现。

4号性格的闪光点

九型人格认为，4号性格的人有着许多的闪光点，下面我们就来具体介绍：

◇ 富有同情心

4号天生富有同情心，他们对于苦难有一种与生俱来的熟悉感，他们特别适合与那些处于危难或悲伤中的人一起工作，因为他们身上有一种独特的毅力，愿意帮助他人走出激烈的情感创伤，而且愿意长时间地陪伴在朋友身边，帮助朋友疗伤。总之，他们不仅会锦上添花，更会雪中送炭。

◇ 极高的敏感度

4号因为注重对自身情感的剖析，因此他们具有很好的敏感度，能轻易发现每一件事物内在的生命力，因此他们善于发现商机，掌握信息，往往能在别人未出手之前就出手，从而大获其利。

◇ 甜蜜的忧郁

4号喜欢体验生活中悲伤的一面，他们并不将忧郁视为消极影响，而是将其看作生活中的调味剂，认为忧郁的感觉有着不可抗拒的魅力。对4号来说，体会忧郁才能探索人性的奥秘。他们能够通过体验忧郁来逃避由失落感和苦恼而产生的压力，唤醒自己的想象力，感受情感的细微变化，从而与远方的某种事物建立了联系，让他们的生活得到升华。

◇ 痛苦的创造力

4号享受痛苦的感觉，认为这是一种创造力的表现。他们喜欢在痛苦中创造，就好像一个艺术家宁可忍饥挨饿，也不愿出卖自己的作品来换取舒适的生活，因为痛苦让他们感到生命的本质，调动他们内心的张力，而艺术创造则把这种感悟表现出来，使之具有更直接的意义。

◇ 不断涌现的灵感

4号喜欢沉浸在自己的感觉世界里，经常一不留神就会灵魂出窍，开始天马行空的想象。这种想象使得他们灵感不断，能够去把一些不相关联的事情联系起来，创造出新鲜独特的东西。一般来说，4号习惯以直觉和创造性带领工作，并以个人风格和深度来丰富它，他们的一切都是凭借感觉自然形成的。

◇ 追求无止境

4号具有较强的缺失感，他们总是看到别人身上的优点，总是不断地追求新事物来寻找快乐，填补内心的缺失。哪怕他们已经功成名就，他们的注意力仍旧朝向生活中失落的、不完美的部分，始终不满足现状，于是他们便无止境地追求。

4号发出的4种信号

4号性格者常常以自己独有的特点向周围世界辐射自己的信号，通过这些信号我们可以更好地去了解4号性格者的特点，这些信号有以下四种：

◇ 积极的信号

4号是天生的艺术家，他们把自己的生活看成一种艺术，他们通过艺术的手法来表现生活。而艺术是需要激情的，因此他们不断发掘自己内心深处的感知，追求灵感的不断涌现。而且，他们也会要求身边的人关注自身的感觉，想要带领他人进入情感的最深层面，让他人让你被丰富的情感所包围。总之，4号对情感的关注使得人们更关注自我的内心，更容易寻找到自己的本体。

◇ 消极的信号

4号关注情感的黑暗面，常常让自己沉湎在忧郁的情绪中，这时他们的态度就容易忽冷忽热，他们的讽刺、拒绝让对方受到伤害。4号的伴侣必须能够在这种不断重复的危机中迅速恢复自己的心情，否则就会陷入悲观情绪的危机中。

◇ 混合的信号

4号因为同时关注情感的光明面和黑暗面，因此他们的情感常常很矛盾：爱与恨可以同时出现。当这种情况发生时，4号变得难以捉摸。他们喜欢情感关系中符合理想的那一部分，同时拒绝其他不符合的内容。也就是说，他们在把一段情感理想化的同时，又非常害怕遭到抛弃。因此他们总是给人若即若离的感觉，容易让对方收到混合的信息。他们这种不负责任的行为常常破坏彼此的亲密感和信任感。

◇ 内在的信号

4号内心存在强烈的缺失感，因此他们总是渴望获得他们失去的东西，嫉妒由此而生。他们总是会想："如果我的生活能够有所不同，如果我丈夫的表现能够有所改变，如果我的身体能够更好一点……我就会快乐起来。"总之，4号永远在关注他人的快乐，而看不到自己的快乐，因此他们总是不满足，这种不满足感就会迫使他们忙碌追求不适合自己的东西。这时，只要 4 号能够转移自己的注意力，多关注自己所拥有的，学会珍惜当下的幸福，嫉妒就会消失。

总之，4 号过于关注自身情感的性格特征常常使得他们忽略了现实生活的真实，容易导致他们形成片面、狭隘的世界观、人生观、价值观，沉湎于自己想象出来的虚幻世界，但又不能完全脱离现实，在这种幻想和现实的不断转换中，4 号极容易精神崩溃。

4 号在安全和压力下的反应

为了顺应成长环境、社会文化等因素，4 号性格者在安全状态或压力状态的情况下，有可能出现一些可以预测的不同表现：

◇ 安全状态

处于安全状态下，4 号常常会呈现 1 号完美型的一些特征。

4 号因为追求独特，所以他们一直让自己处于竞争的状态中，力求以独特取胜。当他们感到自己独特时，就会进入安全状态，就会开始放松自己，好像从自己长期关注的问题中解脱出来了。他们的目光不再局限于生活中的缺失，因为他们开始看见了半杯水，而不是空了一半的杯子。他们不再感到悲伤，也不再觉得生活压抑，工作变得既有意义，又实际可行了。

在这样的环境里，他们拥有了极大的安全感，也就拥有了极大的满足感。而当他们对生活中的一切都感到满意时，他们就不再用自己的短处和他人的长处作比较了，他们欣赏别人的长处，同时也开始欣赏自己的优点。

他们不再自我陶醉，而是积极地与他人合作，当他们看到一份情感或者一份工作的优点，会愿意为此做出承诺，投入其中。总之，他们将注意力从自己身上转移到他人和四周环境上，从精神世界走向了物质世界。而他们对于感情的深度关注使得他们具有敏锐的直觉，极大地激发了他们的创造力，使他们形成一个独特的自我。

在最佳状态下，4 号会向 1 号性格转化，这种转移通常发生在目标即将实现时。这时的 4 号心思会变得仔细而清楚，他们会把精益求精的态度坚持到最后一步。

◇ 压力状态

处于压力状态下，4 号常常会呈现 2 号给予型的一些特征。

当4号追求的独特性不被他人认同时，4号会感到痛苦，感到压力，但他们又不想为了吸引他人而去迎合他人的品位，因此他们往往会孤芳自赏，希望通过自己的独特性让他人明白自己的价值。

但同时，他们会越发关注他人所拥有而自己所没有的事物，心理的缺失感迅速增强，压力感倍增，悲伤感和被抛弃的感觉在加深，会促使4号的防卫心理变得更强。如果4号自身不能享受这份痛苦，他们就容易表现出2号的性格特征，误以为对方的爱能使自己摆脱空虚和孤独，想操纵他人，使他人对自己抱有好感。因而，他们不断地帮助他人，为他人付出，从他人对他们付出的认可中，找到自己与众不同的价值。为了达到此目的，有时甚至表现得像个谄媚王，向别人大献殷勤，以此引起他人的注意，希望他人对自己另眼相待。

此时的4号会否定自己的要求，表现得很虚假，且过分依赖外界的人和事。别人有什么或没有什么就变得无关紧要了。

第二章　与4号有效地交流

观察4号的谈话方式

4号内心充满忧郁感，因此他们在语言表达上比较温和，给人以娓娓道来的舒缓感和独特的美感。

下面，我们就来介绍一下4号常用的谈话方式：

◎ 4号语调柔和，讲起话来抑扬顿挫，很容易带动人们的情绪，进入一个想象中的美丽画面。

◎ 4号喜欢用柔美、哀戚的词汇。

◎ 4号的语气总是透露出一股忧郁的气息，传递一种内心有深刻感悟的意蕴。

◎ 4号的话题往往围绕自己展开，总在描述自己的感觉，尤其是那些悲伤、痛苦的感觉。

◎ 4号最常用的词汇是：我、我的、我觉得、没感觉……

◎他们说话时较少配合其他身体动作，但是有着丰富而快速的眼神变化。

◎ 4 号喜欢用形容词来表达自己的情绪，比如："今天的天真蓝啊！""水真绿啊！"

读懂 4 号的身体语言

当人们和 4 号性格者交往时，只要细心观察，就会发现 4 号性格者具有以下一些身体信号：

◎ 4 号身材适中或偏瘦，常常给人以单薄飘忽的感觉。

◎ 4 号站立、坐卧均以舒服为原则，不会刻意要求自己保持某种体态，因此常常做出不合礼仪规范的举动。

◎ 4 号注重自己的服装打扮，他们喜欢具有独特气质、显现高雅的服装，以使自己既张扬又简约，常常希望给人一种"众里寻他千百度，蓦然回首，那人却在灯火阑珊处"的冷艳感觉。

◎ 4 号说话时，他们的眼神会随着他们的情绪变化而变化，时而忧郁，时而极强，时而悲伤……

◎ 4 号喜欢突出自己的艺术感，因此他们尽量保持优雅迷人的形象。

◎ 4 号不喜欢被人关注，当感到有人关注自己时，他们常常自动整理身形来掩饰自己的不自然。

◎ 4 号不喜欢使用过多的身体语言，大多数情况下只是安静地坐在那里，倾听或冥想。

◎当 4 号受到强烈的情感刺激时，他们也不会以突出的形体动作表达内心的情感，哪怕内心已经百感交集，外表依然波澜不惊，只是偶尔也会暗自啜泣。

◎初见陌生人时，4 号往往表现出很冷漠、神秘又高傲的样子。

◎ 4 号总是一脸不快乐、忧郁的样子，充满痛苦又内向害羞。

和 4 号一起珍惜当下

4 号因为内心有着强烈的缺失感，因此他们总是将注意力放在自己所缺失的部分上，总在寻找能够弥补自身缺失的美好事物，然而，现实往往不遂人愿，当 4 号在现实生活中寻找不到自己想要的美好事物时，内心的负面情绪就被激发，他们开始感到忧郁，直至抑郁，这时他们就会将注意力完全沉浸在自己的想象中，因为在想象中他们能够得到那些美好，他们的缺失也能得到弥补。总之，当 4 号在现实生活中遭遇挫折时，他们会利用丰富的想象来弥补。

当 4 号沉浸在自己的想象中时，他们的注意力总是停留在失去的美好上面，或是未来可望而不可即、遥远的目标上。他们是关注“遗失的美好”的一类人，总是有意无意地把注意力放在遗失的美好上。这时，他们就忘却了他们所处的现实生活。然而，想象终究不能替代现实，现实生活中的问题终究要在现实生活中解决，4 号必须回到现实生活中，找到切实可循的解决办法，他的痛苦才会消失。也就是说，只有 4 号开始懂得珍惜当下，他们才能真正体验生活的快乐。

当面对喜欢沉浸在自己情绪里的 4 号时，人们需要帮助他们珍惜当下的生活，体验真实生活中的欢欣悲喜，才能将他们从哀悼失去的悲伤情绪中解脱出来，才能促使他们去关注那些更积极的事情。紧紧地盯着现在时，才有可能比较全面地考虑问题，才能获得快乐。

第三章　透视 4 号上司与下属

努力工作，无惧 4 号上司的情绪化

4 号性格者总是倾向于在极度的抑郁和极度的亢奋中生活，他们的生活也确实是跌宕起伏的，或者是在悲喜两个极端之间摇摆不定的。他们的情感大起大落，能把爱变成恨，把激情变成冷漠。他们被遥不可及或者具有杀伤力的人所吸引，这种脱离现实的幻想常常使得他们的内在情绪会戏剧性地爆

发，甚至可能出现自杀的幻想。总之，当你面对这样的4号上司时，常常会受到他们负面情绪的影响，变得消极起来，没有工作效率，在很大程度上阻碍了自我的发展。

为了避免自己被4号负面情绪影响，不仅需要人们多和4号上司进行情感交流，帮助4号上司找回积极乐观的情绪，更需要人们自己有着极强的情绪控制力，执着坚定地做好自己的工作。也就是说，无论4号上司有多么的情绪化，只要你能够出色地完成工作任务，就能赢得他的好感和信任。

众所周知，乌龟在遭受到外力干扰或进攻时，便把头脚缩进壳里，从不反击，直到外力消失之后，它认为安全了，才把头脚伸出来。面对情绪化的4号上司，人们可以将自己当作一只乌龟，缩起自己的不满和冲动，任其指责和批评，直到上司的负面情绪得以发泄。这种做法或许显得有点懦弱可笑，但是从摆正心态的角度理解却是聪明和正确的。

而且，大多数时候，4号上司的情绪化甚至是极端的情绪反应并不是针对某个员工或者是某个员工的失误而进行的批评。他们的情绪反应很难捉摸，就算是当众对一个员工大发雷霆也可能并不是因为这个员工做错了什么，而可能是这个员工的某些做法引发了他心理的负面情绪。也就是说，人们对4号上司的情绪化应该保持这样的态度：他们发生莫名其妙的情绪变化，有他们发生的理由，但这理由我们未必能够知道，我们也不需要知道。

当人们能够淡定地看待4号上司的情绪化时，就能够继续把焦点专注在自己应做的事情上。不要陷入他们的情绪里面去，因为虽然4号人格上司此时在发泄情绪，但他们仍旧会继续关注你在工作业绩上的表现，所以你出色地完成工作是应对他们情绪化的最好方法。

对4号上司，时刻保持中立身份

4号性格者喜欢关注个人的情感世界，因此4号上司不仅会关注自己的情绪变化，也喜欢关注下属的情绪状况。他们喜欢和员工进行情感交流，并因此而成为关系亲密的朋友，这就容易导致他们很难分清工作与工作之外的关系及时间的区别，甚至出现本末倒置的情况。也就是说，4号上司可能会在上班时间和下属交流一些生活经验，也可能会在下班之后利用吃饭、逛街的时间来探讨工作事宜。他们这种将工作、生活杂糅在一起的行为方式，往往给人一种为人处世过于情绪化的感觉，常常让人无所适从，跟不上他们的思考节奏。

然而，一旦4号上司和你构建起一份亲密朋友式的关系，他们就会以这份关系认为你一定会支持他的所有决定和想法，因为你是朋友，肯定理解他想法或决定背后的意思，这常常将你也带入他们负面情绪的旋涡之中，无辜地承受许多痛苦。

要想在竞争激烈的职场中更好地保护自己，人们一定不要将工作上的事情和生活中的问题牵扯到一起，尤其不能在对待上司时公私不分。因为当你和上司距离近了，彼此的了解也就多了，你可能会知道上司生活中的一些隐私，这很可能在无形中对你的上司造成了威胁感，导致他们刻意压制你，以提醒你保守秘密。而且，每个上司都不喜欢被别人看成只提拔"亲信"的人。此外，和上级的亲密接触往往会暴露你日常生活中别人不易察觉的弱点，这些弱点可能成为你事业发展的障碍。

更为重要的是，4号上司的情绪化问题可能对你造成致命杀伤力，他们时而信任你，时而厌恨你，让你的心情在高低间急速起落，容易挫伤你的积极性。因此，人们在面对4号上司时，要尽量保持中立的态度，这才是应对他们情绪风暴的最佳策略，这不仅能够很好地维持彼此间的朋友关系，也能避免自己陷入分不清工作与私交的复杂局面中。

关注4号员工独特的创意

对于4号性格者来说，目标的完成是靠创造力，他们总会在那些需要独特表现的工作中脱颖而出。感觉是他们创造力的源泉，他们会凭借这种独有的感受调动他们的智慧，产生出一种完全与众不同的力量，这种力量会非常有创造性地解决当下的一件事情或一个问题。也就是说，他们在工作中常常有着独特的创意。如果领导者能够对于4号员工的创造力给予肯定和支持，必定会激发4号员工极大的工作热情，促使他们创造出更多独特的事物来。

一家规模不大的建筑公司在为一栋新楼安装电线。在一处地方，他们要把电线穿过一根10米长但直径只有3厘米的管道，而且管道是砌在砖石里，并且弯了4个弯。这让非常有经验的老工程师都感到束手无策，显然，用常规方法很难完成任务。

最后，一位刚刚参加工作不久的青年工人想出了一个非常新颖的主意：他到市场上买来两只白鼠，一公一母。然后，他把一根线绑在公鼠身上，并把它放在管子的一端。另一名工作人员则把那只母老鼠放到管子的另一端，并轻轻地捏它，让它发出吱吱的叫声。公鼠听到母老鼠的叫声，便沿着管子跑去救它。它沿着管子跑，身后的那根线也被拖着跑。因此，工人们就很容易把那根线的一端和电线连在了一起。就这样，穿电线的难题顺利得到解决。

故事中的这个青年人的行为就是典型的浪漫主义行为。在工作中，经验可以给我们很大的帮助，但事物是不断变化的。这就要求我们具体问题具体分析，大胆突破不用大脑、东施效颦式的经验模仿，而选择在模仿经验的时候发挥自己的创造力。一个人如果没有创新精神，事事模仿别人，就无法充分发挥自己的创造力，更不能发展自己身上独特的潜质。而4号员工常常凭借自己的创造力赢得众人的关注和赞赏，从而激发他们的工作激情。

因此，领导者在管理4号人格员工时，要懂得关注他们独特的创意，并赞赏他们细心、细腻处理工作细节的态度。

让4号员工变痛苦为动力

4号性格者的生活中，既有艺术的表达，又有为维持自身唯美形象而忍受的痛苦。他们在痛苦中创造，就好像一个艺术家宁可在阁楼里挨饿，也不愿靠出卖自己的作品来换取舒适的生活。艺术的追求和现实的痛苦常常交织在一起，因为痛苦能让他们感悟到生命的本质，能调动他们内心的张力，而艺术创造则把这种感悟表现出来，使之具有意义。

4号往往将痛苦看作人生的一笔财富。正如法国思想家罗曼·罗兰所说："累累的创伤，就是生命给你的最好的东西，因为在每一个伤口上，都标志着前进的一步。"古今中外，哪位成就伟大事业的人不是经历了一番痛苦的磨炼，凭借自己坚强的意志从"疑无路"走到了"又一村"？司马迁把宫刑的痛苦化为《史记》，霍金身体上的痛苦成了他向上的动力。

因此，当领导者发现4号员工正处于痛苦的心理状态时，需要注意分辨他们对痛苦的认知：他们以痛苦为苦，还是以痛苦为乐。如果领导者发现4

号员工以痛苦为苦，则要尽量帮助他们走出心理阴影，寻找积极的生活理念。相反，如果领导者发现4号员工以痛苦为乐，则不要干涉他们，以免阻碍了4号创作力的迸发。

第四章　4号打造高效团队

4号制订最优方案的技巧

4号过于关注自我的感觉，而忽视现实世界的变化，由此来看，他们是不擅长制定目标、方案的。但从另一个方面来看，4号独特的敏感又使得他们能够敏锐地捕捉到外界的变化对自身的影响，从而及时改变策略来应对变化。

在制订方案时，4号往往有着以下一些特点：

◇ 凭感觉行事

4号注重自身情感变化，从心理学的角度来看，他们使用脑中心和身体中心，但是他们最相信他们的心中心。因此，他们对很多事情很敏感：真实情况、他们可能的选择、参与其中的人、可能的结果，甚至是他们的自我感受。

◇ 有很强的主见

对自己的方案，4号经常有很强的主见，而当这个方案适用于他们最重要的价值观时，4号就会变得踌躇满志。

◇ 擅长高度分析

4号喜欢深层次地探讨问题，因此他们善于高度分析，他们收集信息（也包括关于感受的信息），仔细检查问题，与其他人谈论他们的想法、感受和以前的经验，然后再分析这些信息，决定最佳的行动计划。此外，他们也把组织文化和方案制定、权力架构作为因素加入这个决策的方程式中，而他们自己只是做方案的后援。

◇ 喜欢换位思考

4号自己是很敏感的，他们倾向于换位思考，或是从自己的角度出发为他人考虑，他们很难制订一个他们认为可能让某些人受到伤害的方案。4号在制订方案时会考虑其他的立场，尽量不伤害他人的利益。但现实证明，发展往往在为一方带来利益的同时，也会损害另一方的利益，两全其美的发展确实少见。这就使得4号在做决策时常常犹豫不决，尤其是只有一个方案，即只有一个选择的时候，尽管有利可图，但是如果伤害到一些员工，4号领导者也可能会对此感到焦虑不安。

◇ 感性因素为主导

4号过于注重感性因素，过度强调他们的价值观，或者过度强调个人的经验和感受，无论是他自己的还是其他人的。因此他们在制订方案时常常感情用事，做出一些违背现实发展的事情，对团队发展产生不利影响。比如，他们可能因为同情一个员工悲惨的家庭状况而盲目给对方加薪，但是他们忽略了一个事实，就是这个员工的绩效水平远远低于那些工资没有增加的员工，4号这样有同情心的结果就是，他无意中采取了不公平的行为，而且打击了其他员工的士气。

总之，4号在制订方案时要尽量排除感情因素的干扰，不要过于强调自己的价值观，而要更多地考虑现实条件以及大众的价值观，做出最有利于团队发展的方案，这才是最优的战略方案。

ENNEAGRAM

第六篇

5号观察型：自我保护，离群索居

第一章　5号观察型面面观

5号性格的特征

5号十分注重他们的内心世界，他们希望自己成为一个思想者。因此他们喜欢安静、独立，关心自己的私人空间，喜欢独处。在他们看来，精神上的思考比行动更为重要，因为他们认为世界是复杂的，它会侵犯5号的隐私，因此5号只需要躲在自己的私人空间里，就可以认识外部世界，也可以保护自己，回归自我。总之，5号常常给人以“冷眼旁观”的感觉。

5号的主要特征如下：

◎安静，不喜言辞，欠缺活力，反应缓慢。

◎百分百用脑做人，刻意表现深度。

◎注重个人的私密性，不喜欢他人窥探自己的隐私，当感到威胁时，会选择撤退或系紧安全带。

◎当别人企图控制他们的生活时，会很愤怒。

◎害怕与人相处，不喜欢娱乐活动，宁可埋首工作及书堆，感觉比较安全。在人际关系上显得比较木讷和保持理性的状态。

◎社交活动大都是被动的，总是由别人主动。

◎重视精神享受，不重视物质享受。

◎认为世界是理性的，害怕用心去感觉。

◎希望能够预测到将要发生的事情。

◎是一个理解力强、重分析、好奇心强、有洞察力的人。

◎习惯情感延迟，在他人面前控制感觉，等到自己一个人的时候，才表露情感。

◎分不清精神上的不依赖和拒绝痛苦的情感封闭。

◎过度强调自我控制，把注意力从感觉上挪开。

◎喜欢独自一人工作，相信自己的能力，也很少寻求他人的意见和协助。

◎虽然有时退缩及不愿意支持别人，但在别人要求时，会帮别人仔细分析，且条理分明。

◎贪求或积攒时间、空间、知识，对时间及金钱很吝啬。

◎关注探究，思考代替行动，基本生活技能较弱。

◎自我满足和简单化。

5号性格的闪光点

九型人格认为，5号性格的人有着许多的闪光点，下面我们就来具体介绍：

◇ 精神重于物质

5号对物质要求不高，他们不注重衣着，认为这些都是身外之物，与生命本身没有什么关系。而且，他们认为过强的物质欲望容易加深内心的空虚，只愿意利用金钱来保护个人隐私、获得良好环境和自由支配的时间，而不愿利用金钱去获得其他物质享受。

◇ 敏锐的知觉力

5号具有敏锐的知觉，并能够一边运用知觉，一边提出正确的问题。他们总能透过事物的表面，看到核心的问题及潜在的危险，并且能够整合已存在的知识，找出看似无关的想象与问题的关联，从而很好地预测未来的发展。

◇ 极强的分析力

5号精通心智的分析，他们喜欢对世事进行系统的剖析。他们总能够冷静地去观察和思考事物，并研究问题，从而做出最公平的认知。

◇ 理性

5号喜欢克制自己的感情，因此他们不太讲究自身感受，身体语言不丰富，为人冷静，事事都会以理性角度来分析。他们喜欢把不同的人、事分门别类，凡事喜欢刨根问底，喜欢用逻辑分析、理性思考来解决人生的所有问题。

◇ 以事实为导向

5号喜欢以事实为导向，总是把他们的心思集中在外在世界，“客观”是他们追求的目标，总是以冷静沉着、抽离的态度来窥探这个世界，从而发现别人不曾怀疑的问题。

◇ 擅长规划

5号能够与人和事保持适当的距离，这样使得他们不会为琐事困扰，一下子就能抓住问题的本质。他们理性，不会冲动，总是尽可能地搜集所有问题的资料，注意研究，最后确定解决方案，建立真正细致的拓展蓝图。

◇ 善于学习

5 号喜欢学习，为拥有知识而兴奋。他们以兴趣为导向，对自己感兴趣的东西，不管这个东西能否产生实际的效用，他们都会一头扎进去，没日没夜地研究、探讨这个问题，直到找到他想要的原理或真相。

5 号发出的 3 种信号

5 号性格者常常以自己独有的特点向周围世界辐射自己的信号，通过这些信号我们可以更好地去了解 5 号性格者的特点，这些信号有以下三种：

◇ 积极的信号

5 号追求独立，喜欢无拘无束的生活方式，因此他们对于亲密关系十分敏感，从不轻易陷入亲密关系中。但一旦陷入亲密关系中，他们自身丰富的知识与对现实深刻的分析则能为人们带来极大的快乐：他们博学，而且喜欢深思，是内心世界的遨游者；他们对自己的品位很敏感：节俭而唯美，他们擅长在简约房间里塑造精美的小细节，比如一个精致靠垫、一盘刀功精细的凉拌黄瓜丝；他们能在危机中保持镇定和冷静；他们是可以让他人放心倾诉的对象。

◇ 消极的信号

5 号喜欢营造距离感，因此常常给人以态度冷淡的感觉。在和 5 号相处的过程中，人们常常感觉自己与 5 号没有联系，被完全忽视了，这是因为 5 号要保护隐私的需求好像是在对他人发出拒绝的信号。因此，人们必须事事主动，这容易让人们感到负担。此外，5 号的自我控制让人感觉他们是在储藏自己的时间、空间和能量，他们只和自己接触。他们给伴侣的感觉也是神秘而且高高在上的——聪明而傲慢，好像他们凌驾于所有情感之上，无须为自己做任何解释。这样的 5 号常常引起他人的反感，容易导致他人的疏离。

◇ 内在的信号

5 号习惯以兴趣为导向，当他们对你不感兴趣时，他们的能量会迅速从现实中撤走。他们把自己收回，这种表现十分明显，让你觉得尽管你们还在面对面谈话，但却好像是相隔十万八千里。如果你想唤回他们的活力，他们只会把能量向其他地方转移，直到你感到自己已经筋疲力尽。

总之，5 号不喜欢在人际交往中投入过多的感情。当他们面对爆发的情感，5 号往往不知所措。在没有准备好时，他们的大脑是一片空白，情感的浮现让思考变得困难，这让他们失去了稳定的基础。他们急需回到一个人的状态，找到一个安静的地方让自己冷静下来。比如，5 号在遇到突然性的提问、身体接触或拜访时，会主动退缩到他们自己的空间里。他们只有知道要发生什么时，才会放松下来。也就是说，如果能够减少情感关系中的不确定因素，就能减少 5 号的紧张。

5 号在安全和压力下的反应

为了顺应成长环境、社会文化等因素，5 号性格者在安全状态或压力状态的情况下，有可能出现一些可以预测的不同表现：

◇ 安全状态

5 号注重个人的私密感，因此他们喜欢将自己的家或办公室设置得像封闭的城堡一样，这往往让他们感到安全。而且，他们会对自己的空间特别在意，甚至会对家庭事务进行过于苛刻的控制。当他们在家里的时候，5 号可能会表现得像 8 号一样。当他们在感到安全的办公室里时，他们也会想要去控制一切。在这样安全的环境里，5 号放松了基本的防御措施，渐渐表现出 8 号性格者的强势特征。

这时的 5 号感到能够全身心地投入自己的生活中去，能够很好地丰富自己的生活，他们会变得外向、热情。他们也会表达自己的怒火，会在冲突中坚守观点。他们开始喜欢身体的快感，比如运动，甚至偶尔的打架等。这种感觉常常被形容为焕发活力，突然觉醒。他们和 8 号一样急于行动，乐于助人。他们用行动代替后退。同时，他们也会变得像 8 号一样暴躁，容易为小事而动怒。

◇ 压力状态

当事情没有办法按逻辑分析时，或是决策没有足够的数据支持时，或是在不理解命令的情况下被迫执行命令时，5 号就容易进入压力状态。

这时的 5 号往往表现出 7 号的性格特征，他们给自己带上一个能够被社会接受的外套，并主动与他人接触，但是他们这样做并非心甘情愿。尽管表现出外向和快乐可以掩盖他们内心不平常的紧张感，但这样也使得5号面临太多选择，要做太多事情时，就无法再用已知信息去进行预测和准备，他们最初的防御体系就消失了，他们根本没有时间思考。

对于视思考如命的5号来说，没有思考，就没有进步的可能，因此压力状态下的5号越发坚定了要远离他人的感觉。

第二章　与5号有效地交流

观察5号的谈话方式

大多数时候，5号性格者沉迷于独处的快乐中，他们不喜欢和他人接触，讨厌社交活动，认为这容易侵犯他们苦心维持的私密空间。因此，他们在与人交往时常常沉默寡言，给人以冷漠的感觉。

下面，我们就来介绍一下5号常用的谈话方式：

◎5号很少说话，不仅是因为他们需要以客观的身份来观察和思考，更因为话语本身会引起很多情绪和情感，而他们又拒绝情绪。

◎5号与人交流的语气是非常平板和没有情感色彩的，非常有条理。

◎从5号的嘴里，你经常会听到以下词汇：我想；我认为；我的分析是；我的意见是；我的立场是。

◎在与人交谈时，他们总是言简意赅，直奔主题，因为他们觉得把该说的事说完就好了。

◎谈到学术性话题或5号感兴趣的方面时，5号会变得滔滔不绝，其目的在于为自己搜集更多的材料。而且，当他们搜集到自己需要的材料或是在对方身上找不到新知识时，他们又会变得沉默寡言。

◎遇到自己不喜欢的话题，或者无聊的话题时，5号会沉默寡言，也会敷衍性地说几句。

读懂5号的身体语言

当人们和5号性格者交往时，只要细心观察，就会发现5号性格者具有以下一些身体信号：

◎5号身材瘦弱，常常给人以弱不禁风的柔弱感。

◎5号着装非常简朴，他们不重视潮流、时尚等因素，因此他们的衣着常常是“过时”“老土”的。

◎5号有时会“不修边幅”的“风光”，他们因为过于关注思考而忽略生活细节，从而可能衣服好几天都不换、头发好几天都不洗。

◎5号喜欢安静地坐在一个角落里，不希望引起注意。

◎无论是坐着还是站着，5号身体动作很少，常常给人传递出这样一种感觉：请不要关注我，我只是一个旁观者，并不想投入你们的环境或话题当中。他们的身体还给人太过僵硬的感觉。

◎他们追求简洁，当他们行走时，习惯径直接近目标。

◎5号外表冷漠，即便正在经历激烈的情绪或情感，他们也神情木然。因为他们总是想提早摆脱所处的环境，回到自己的空间去。

◎5号因漠视自己的情感，因此人们很难从他们的眼神中觉察到情感、情绪，也强化了那份冷漠的感觉。

◎当他们无法回避情绪、情感话题或环境的时候，他们也会以回避对方注视的方式保持低调，这就给人一种眼神“迷离”的感觉。

◎在与人交流时，他们大多面无表情、安静地倾听着，最多是在谈论学术话题的时候微微点头，让人感觉他们的身体只有脖子以上才有生命。

◎当感到无聊时，5号容易陷入自我思考状态，做出皱眉、挠头、在纸上画东西等动作，面部基本没有任何表情，不太注意别人的感受。

与5号交往，适当保持距离

5号性格者就像是一位冷眼旁观的裁判，用他的世界观来替整个世界评断。他们的性格如果用一种颜色表示的话，应该是灰色。他们如灰色一样无所不包，也像灰色一样低调不张扬，还像灰色一样与周围的世界保持距离。他们总是一副不愿意与别人“深交”的样子，保持一种“君子之交淡如水”的交往习惯。有的人喜欢和人“自来熟”，他们看不惯观察者的交往艺术，认为这是种冷漠。其实，这恰是观察者深得与人交往艺术的地方，因为保持距离是一种安全，也是让友谊长久的“保鲜法”。因此，人们在与5号相处时，要注意保持距离，尊重5号的个人私密空间，往往能赢得5号长久的信任。反之，过于亲密的关系常常使得5号感到不安全，觉得自己的隐私被侵犯，容易激发他们的怒火。

第三章　透视5号上司与下属

5号上司喜欢员工按本分行事

5号上司追求独立，他们努力与他人保持距离的行为，不仅保护了他们自己的私密，同时也是尊重他人独立性的表现。因此，在工作中，5号上司对于工作职责以及不同级别所对应的权责划分得很清晰，并且喜欢根据这些划分，系统地安排任务和组织管理。在他们的意识里，分配给下属的工作，下属就一定要独立处理，遇到问题也要独立解决，因为这是早已分类好的，并且一定要按照职责授权的本分行事。如果你不能按时按量完成你的工作任务，5号上司就会认为你是一个不称职的员工，你就可能面临下岗的命运。

从前，有一个马夫，养着两匹马，他每天都赶着马车出去拉货，两匹马把马车拉得又稳又快。有一天，其中一匹马在拉车的时候偷懒没有全力地拉，另外一匹马只能用更大的力气去拉车，马车还是走得又稳又快。偷懒的马就耻笑另外一匹马说：“你看看你，多笨啊！花那么大的力气也没有看见主人多给你吃的喝的，我和你一样每天出去，但是我就像散步一样，有吃有喝还不用出力。”另外一匹马没有说什么还是照样用心地拉车。终于有一天，马夫拉货回家之后，就把偷懒的马杀了。别人问他为什么，马夫说：“既然一匹马就可以把车拉起来，为什么我还要养一匹没有出力拉车的马呢？”

职场上的5号上司则像故事中的马夫，他们看似漫不经心，对什么都不在乎的样子，实际是在不动声色地观察每一个员工的工作情况。谁在努力工作，谁在偷懒，他们都心中有数。如果员工像故事中这头自作聪明的懒马一样，对于领导安排的工作不是想方设法地做好，更没有想过做好工作是自己的本分，而是应付领导的安排甚至敷衍了事，甚至自以为聪明，去笑话其他认真工作的同事，最终被淘汰的就是自己。

5号上司之所以要求员工独立做好自己的本职工作，是因为他们自己也是按照本分开展工作的，他们已经按照这些本分预料了自己要处理和面对的情况，如果员工做不好自己的本职工作，就会使得5号上司的计划被打乱，出现意外，而这恰恰是5号所恐慌的局面。因此，面对5号上司，按本分行事才是最佳选择。

5号上司喜欢系统化的计划

5号具有较强的系统化思维能力，他们喜欢将身边人、事分门别类，并根据类别分而治之以保持自己清晰、客观冷静的态度。他们在讨论和分析工作的时候，习惯用图表的方式来系统地表达思路或想法，亦会同样要求下属在提交文件或汇报工作的时候多多利用图表表示。总之，他们对“简洁、清晰”的追求让他们认为“一幅图胜似万语千言”。

因此，人们在面对5号上司时，要学会客观、冷静地以文字化的结合图表的分析来表达工作意图。把精力更多放在如何更好地收集资料，并对工作进行多方面分析上，以确保自己在5号人格上司组织的团体讨论中得到共识，才是表现自己工作实力的关键。

维斯康公司是美国20世纪80年代最为著名的机械制造公司。詹森和许多人的命运一样，在该公司每年一次的用人招聘会上被拒绝了，但是詹森并不灰心，他发誓一定要进入这家公司工作。

于是，他假装自己一无所长，找到公司人事部，提出为该公司无偿提供劳动力，请求公司分派给他任何工作，他将不计任何报酬来完成。公司起初觉得简直不可思议，但考虑到不用任何花费，也用不着操心，于是便分派他去打扫车间的废铁屑。

一年下来，詹森勤勤恳恳地重复着这种既简单又劳累的工作。为了糊口，下班后他还得去酒吧打工。尽管他得到了老板及同事们的一致好感，但仍然没有一个人提到录用他的问题。

1990年年初，公司的许多订单纷纷被退回，理由均是产品出现质量问题，为此公司将蒙受巨大的损失。公司董事会为了挽救颓势，召开紧急会议，寻找解决方案。当会议进行一大半还不见眉目时，詹森闯入会议室，提出要见总经理。在会上，他就该问题出现的原因做了令人信服的解释，并且就工程技术上的问题提出了自己的看法，随后拿出了自己的产品改造设计图。

这个设计非常先进，既恰到好处地保留了原来的优点，又克服了已经出现的弊病。总经理及董事觉得这个编外清洁工很精明在行，便询问他的背景及现状。于是，詹森当着高层决策者们的面，将自己的意图和盘托出。之后经董事会举手表决，詹森当即被聘为公司负责生产技术问题的副总经理。

原来，詹森利用清扫工能到处走动的特点，细心察看了整个公司各部门的生产情况，并一一详细记录，发现了所存在的技术问题并想出了解决办法。他花了一年时间搞设计，做了大量的统计数据，终于设计出了科学实用的产品改造设计图。詹森的成功就在于他在做好本职工作的基础上，全面了解公司技术层面的信息，从而对公司的发展提出了系统化的建议，拯救公司于危亡之际，自然赢得了总经理及董事们的信任和赏识。

对于注重理性思维的5号上司来说，他们更看重下属是否具有冷静、客观的工作态度以及系统化分析问题的能力。因此，人们在向5号上司提交计划时，需要着重突出自己的系统化思路，不仅要提出问题，更要提出深刻而有效的解决方案。

多听听5号员工理性的建议

5号员工在看问题时总是理性多于感性，他们习惯站在理性的角度来研究分析事物发展中方方面面的影响，力求将准备工作做到万无一失。因此，他们在工作中非常注重系统性和条理性，总以系统思考将工作进行体系化、标准化构建，再应用这些工作系统便捷有效开展工作。特别是对于那些需要发挥很强的技术性来完成的工作，5 号员工总能够胜任，这是他们喜欢钻研特质的表现。他们在工作中所提交的报告或文件系统缜密、逻辑清晰、理论扎实，但很少会出现结论性表述，往往都是各种分析以及客观描述各种可能，供领导参考决定。

总之，领导者应多听听 5 号理性的建议，他们总能看到你疏忽的方面，找到发展中潜在的危险，加以分析，制定出周密有效的应对良策，从而避免团队陷入危机之中，以便获得更好的发展。

第四章　5 号打造高效团队

5 号制订最优方案的技巧

5 号追求知识，擅长搜集信息，并有着极强的分析能力，也能够很好地整合所有的信息，得出深刻且富有创造性的理论。由此来看，5 号具有较强的制订最优方案的能力。

在制订方案时，5 号往往有着以下一些特点：

◇ 超强的分析能力

5 号喜欢对事实进行系统的剖析，找到事物发展的真相。工作中，他们总是思考得很彻底，习惯通过透视分析、累积事实并把这些拼合起来制订方案，更习惯在得出最终方案之前，花大量的时间来做准备工作，以确保他们做了必需的研究，并评估赞成和反对的理由以及每种选择可能带来的影响。总之，当他们做事时，会分析到可能影响到这个事物发展的方方面面，并制定相应的对策，以确保万无一失。

◇ 习惯独立思考

5 号追求独立，因此他们在工作中往往倾向于自己制订方案，他们依赖自己的分析和理解，而不是在方案制订的不同阶段让别人介入。这可能是 5 号的优势，也可能是 5 号的障碍，特别是当一个方案需要整合各种资源的时候，或是在过程中的参与更能激励人们欣然接受这个方案时，这个方式也可能成为一种阻碍。因此，5 号也要学会适时接受他人的意见。

◇ 采取有效行动

5 号喜欢深度思考，而深度思考是需要耗费大量的时间的。因此 5 号的行动都不是很迅速，因为他们在制订一个方案之前想确认他们已经掌握了所有相关信息而且进行了有效的分析。但是，有些方案是要求快速行动的，当人们面对大量的数据，想在事先了解所有的事情是不可能的事。因此，5 号在深度思考的同时也要采取有效行动，抓住发展的机遇。

◇ 突破公司的结构

5 号十分看重认同作用，因为他们害怕冲突，害怕自己在冲突中受到伤害。因此他们在工作中会非常关注组织方案制订的权力架构和组织文化。也就是说，5 号很少越权，他们经常制订出与公司实际运作相一致的方案。这常常使得他们的方案缺乏创新性、过于保守，跟不上时代的发展。因此，5 号要适时在公司结构的基础上有所突破，制订出富有创造性的方案，这才是深度思考者的行为方式。

总之，5 号要想制订出最优方案，就需要适时关注外界变化，获取外界信息，整合外界资源，再利用自己超强的理性分析能力，制定富有创造性的策略。

5 号处理冲突的能力

尽管注重私密的 5 号不喜欢与人接触，害怕与人发生冲突，但是当他们真正面对冲突的时候，一般都能保持冷静的态度，有条不紊地处理冲突。因为他们认为冲突是团队中自然的不可避免的部分。而且，通过调解冲突，5 号能够获得更多了解事实的方法。

一般来说，我们主要通过 4 个方面来分析 5 号处理冲突的能力：

◇ 建立坦诚关系

5 号注重自己的私密，同样，他们也尊重他人的私密，把提供相关信息给需要的人作为自己的目标，这常常为他们发展出值得尊敬的人际关系。而且，他们擅长通过畅想远大愿景和激发才智与其他人实现知识的大融合，并与那些他们信任的人有着密切的关系，并在此基础上精心选择那些与他们建立紧密联系的人。但是，这种过于谨慎的态度常常显得 5 号冷漠、难接近，吓退那些想要接近 5 号的人。同时，喜欢深度思考的 5 号往往难以忍受人际交往中无聊的寒暄，他们认为那是对时间的极大浪费，因此常常表现得极为不耐烦，容易引起他人反感。

◇ 有效沟通

5 号追求知识，他们常常为了获得知识而与他人交谈，用自己的知识去换取他人的知识。但是他们不重视自己的感受，也不关注他人的感受，因此他们经常分享信息而不是感受，他们说话简洁有力，所有这些都是为了保护他们的隐私和保存他们的能量。但是，当 5 号对一个话题的知识背景相当了解的时候，他们就可能滔滔不绝地讲话，详细讲解这个问题的各个方面。这个时候，他们就会沉湎于自己的想法，可能没有注意到这么多的信息对某些人来说已经超负荷了。这就是他们忽视他人感受的一个表现。如果他们能够正视自己的感受，适时关注他人的感受，他们就能通过分享感受来建立良好的人际关系，并通过分析知识来获得更多的知识。

◇ 全面倾听

5 号注重私密，他们会在人际交往时尽量避免谈及自己的信息，以免泄露私密。而且，由于不重视自己的情感，他们也就不擅长表达自己的情感。因此，在与人交往时，他们会是非常好的倾听者，尽管大多数 5 号听到更多的是内容而不是感受。当 5 号认为其他人过度情绪化的时候，尽管这可能对于其他人的标准只是一个中等程度的情绪，或者当一个人站在或坐在对 5 号而言太近的距离时，5 号就会生出强烈的退缩感，有时会突兀地中断谈话，常常引起他人的愤怒。但是当 5 号对话题感兴趣时，他们不仅会是一个专注的倾听者，更是精确的报告者，他们能够按要求详细、正确地叙述大多数的信息。

◇ 提供有效反馈

5 号不擅长表达自己的情感，又注重思考，因此他们推崇节制主义，即便是在与人沟通时，他们也习惯给出精确、简明和清晰的反馈。一般而言，他们更喜欢给出负面而不是正面的反馈，只是因为他们喜欢隐藏情绪，提出对改进绩效而言是必要的反馈。而且，他们也喜欢鼓励他人探讨脆弱和弱点，尽管这常常让 5 号感到不舒服，但这能有效帮助 5 号发展处理情感的能力，而且在总体上会感觉更加舒服。在反馈时，5 号可以不说话，但要用身体语言来适时给予他人需要的反馈。

总之，当 5 号感到自己的隐私被侵犯的时候，当他们信任某人却发现那人不值得信任的时候，当他们感到自己被不被认同的任务和自己不希望的环境压倒的时候，他们就容易陷入冲突之中，滋生愤怒的情绪，他们或者直接表露出自己的愤怒，比如激动、情绪失控、打架等，或者进一步控制自己的真实情绪，更加退缩到自己的个人世界里，更加脱离现实。这都对5号的发展不利，更不利于团队的发展，因此5号还是应该以冷静、客观的态度面对冲突，通过多与他人进行情感交流来有效化解冲突。

5号打造高效团队的技巧

身为一个领导者，5号不再只关注自己的发展，而更多地关注团队的发展。他们把他们的分析与逻辑本能地用到了团队领导力上，他们确立精准和明确的团队目标，让每个团队成员都有具体的职位和清晰的职责。由此来看，5号具有较强的打造高效团队的能力。

一般来说，5号喜欢采取以下一些方式来打造高效团队：

◇ 充分信任他人

作为一个团队的领导者，5号开始学着与他人建立良好的关系，而建立良好关系的基础就是彼此信任。因此5号总是充分信任团队成员，他们经常说相信自己的团队成员比拥有良好的工作关系更重要。而且，在5号的观念里，他把信任定义为能够依赖每个团队成员可以及时交付一流工作成果。面对5号的信任，团队成员们也不会辜负5号的期望，大多成为有能力、有效率的优秀者。

◇ 制订系统的计划

对于有着极强分析能力的5号来说，他们特别享受与那些机智灵活、知识广博的团队成员讨论重要事项，他们尽自己最大可能建立条理清晰、前后一致、系统规律的工作流程，确保团队成员有效率地运用他们的时间。因为5号满足于能全面了解任务和项目的各部分是如何一起运作的，所以他们沉浸于问题识别与问题解决中的难题部分，5号也享受用同样的方法教练他的团队成员——提供一个让所有事情运作的系统化愿景，对混乱问题采用理性观察，找出最正确的理念或发展方向，来帮助人们学习和成长。

◇ 将工作与生活分开

5号是理性的，他们习惯将工作与生活分开，他们也要求团队成员遵循这个原则。他们认为，团队成员就是来工作的，而不应卷入彼此的生活中，这可能极大地促进员工的工作效率，却也可能给员工一种缺乏人情味的感觉，导致他们产生消极情绪。

◇ 给自己思考的时间

做任何事情前，5 号都习惯花大量时间来思考，以做好准备工作，以有效应对事情发展过程中的意外。在一些急性子的团队成员看来，5 号这种慢性子的行为可能延误发展的最佳时机，因此容易对 5 号心生不满。这就需要 5 号多和他们沟通，直言不讳地告诉他们你需要时间来仔细考虑现状，因为无论是你自己还是他们都应该得到你最真心的感受和深思熟虑的回应。事实上，清楚你需要多少时间以考虑你如何反应比什么反应都没有，对开展行动会更有利，更能激发整个团队的思考力，从而找到更有效的对策。

总之，5 号要想打造一个高效团队，不仅需要提升自己深度思考的能力，更需要激发团队的力量，增强团队的凝聚力，达到“众人拾柴火焰高”的和谐局面，为自己为团队赢得更好的发展。

ENNEAGRAM

第七篇

6号怀疑型：怀疑一切不了解的事

第一章　6号怀疑型面面观

6号性格的特征

在九型人格中，6号是典型的怀疑主义者，他们和5号性格者相似，都认为这个世界危机四伏，人心难测，交往不慎，就会被人利用和陷害。但他们又和5号性格者不同，他们不像5号一样享受孤独，而是害怕孤独，恐惧自己被孤立、被抛弃，因此才对人和事都没有安全感。也就是说，其实6号内心里渴望与人接触，并渴望得到他人的保护。

6号的主要特征如下：

◎内向、主动、保守、忠诚。

◎有着敏锐的观察力，能够洞察深层的心理反应。

◎在环境中搜索能够解释内在恐惧感的线索。

◎通过强大的想象力和专一的注意力来获得直觉，这两种能力都来自内心的恐惧。

◎疑心重，做事小心谨慎，有着较强的警惕性。

◎因为内心的疑虑太多，所以总是用思考代替行动，导致行动推延，或是使工作无法善始善终。

◎努力克制自己的情感，害怕直接发火，但喜欢把自己的怒气归罪于他人。

◎有着较浓的悲观情绪，因而常常忘记对成功和快乐的追求。

◎渴望别人喜欢自己，但又怀疑别人情感的真实性。

◎喜欢怀疑他人的动机，尤其是权威人士的动机。

◎对权威的态度较为极端：要么顺从，要么反抗。

◎习惯怀疑权威，因此认同被压迫者的反抗事业。

◎一旦信服某个权威，就会由怀疑变为忠诚，因此他们往往对于被压迫者或者强大的领导者表现出忠诚和责任。

◎常问自己是否做错事，因为害怕犯错误后被责备，所以犯错后往往死不认错。

◎在一个给予他们足够安全感的环境里，他们会支持他人成长，分担他人的困难。

6 号性格的闪光点

九型人格认为，6 号性格的人有着许多的闪光点，下面我们就来具体介绍：

◇ 有高度的警觉

6 号性格者内心存在较强的不安全感，他们害怕被人利用，因此有着较高的警惕性，总是仔细观察对方，时刻提防他人的花言巧语。可以说，他们是天生的观察者、自然的心理学家，随时警惕着一切外在变化，还不被周围人所察觉。

◇ 做事谨慎

6 号做事十分谨慎，他们常常对一些事情甚至没有发生的事情会过多担心，或者是对自己正在做的一些事情不是太放心，他们总担心事情会出什么状况，因此他们对于职责内的事情，习惯做最坏的打算，做最好的准备。

◇ 较强的危机意识

6 号算得上是九型人格中最有“危机意识”的人格类型，他们总是认为生活中处处都是危险，总是将注意力集中在那些负面的事情上，总关注那些潜在的危险，并主观臆想实际上并不存在的陷阱。因此，当危险真正来临时，他们往往会比其他类型的人冷静，具有迅速化解危机的勇气和能力。

◇ 有责任感

6 号喜欢稳定的生活，他们认为责任感是保证生活稳定的关键因素，因此他们习惯在社会行为中遵守相关规则和义务，并且能够为了事业、家庭和理想做出极大牺牲。

◇ 较高的忠诚度

极具责任感的 6 号往往是个忠诚、值得信赖的人。面对任何挑战时，他们都能够毫不犹豫地去护卫彼此的关系和友谊。他们对盟友忠心耿耿，总是不遗余力地保护自己人。但前提是这个团队或权威是足够强大的，是受到 6 号肯定的。

◇ 注重团队精神

6 号内心渴望亲密关系却又缺乏安全感。他们往往认为在一个团队中最易获得安全感，因此他们注重“团结至上、安全第一”的团队精神。同时，他们要求团队分工清晰、权责分明、赏罚有则，尽量避免人治的情况发生。

◇ 严守时间

6 号虽然会因为对安全感的忧郁而导致行动拖延，但大多数 6 号还是习惯于严守时间。他们认为，严守时间是获得安全感的重要方式。因此他们重视截止日期并严格遵守，以免自己因为浪费时间而遭受惩罚，更害怕会因此造成不良后果，让自己陷入危险的境地。

◇ 看淡成功

6 号习惯怀疑权威，因此他们不希望自己成为权威，在他们看来，那是一个备受怀疑的不安全的位置。也就是说，他们能够为了自己的理想而付出全力，不求回报地孜孜努力，从不在乎这样是否会获得成功和荣誉。

6 号发出的 4 种信号

6 号性格者常常以自己独有的特点向周围世界辐射自己的信号，通过这些信号我们可以更好地去了解 6 号性格者的特点，这些信号有以下四种：

◇ 积极的信号

6 号对于权威的态度是矛盾的，当他们认为这种权威是不可信任时，他们就会反对这种权威，但如果他们认为这种权威是可信任的，他们则会给予全力支持。因此，他们会对信任的少数对象表现出极度的忠诚，这可能是他们的事业、他们的朋友，或者他们的保护人。他们还会信任那些软弱无力的人，那些感到害怕的人。同时，6 号具有细微的洞察力和强大的想象力，他们往往是非常具有创意的思考者。

◇ 消极的信号

6 号喜欢将注意力集中在那些负面信息上，从而使得自己总往最坏的方面去想象。为了避免发生他们所猜想的那些危机，他们注重细节，有时候会牵强附会——把不相干的事情联系在一起，他们还会用过度的保护来控制局势，加强防御，让自己安全。此外，他们还不告诉对方自己在思想上的变化，把疑虑藏在心里。即便情况往好的方向发展时，他们内心的担忧也不会消失，这使得他们犹豫不决，常常拖延行动或半途而废。

◇ 混合的信号

6 号总是习惯把事情往最坏的方向去想，因此他们对身边的每一件事、每一个人都抱有怀疑的态度，不愿意对他人表达真实的情感，以免被他人利用。但是他们又不确定自己的判断是否准确，因此他们尽管对双方的关系感到怀疑，但是又不愿意脱身而出。而且，他们往往是在情感关系的酝酿阶段和初始阶段充满兴趣。当他们应该采取进一步行动时，他们的心思却飞走了，然后一切都变得不确定了。总之，6 号经常因为内心的怀疑论而扰乱自己的思绪，传达出混乱的信息，往往使得他人感到十分迷惑。

◇ 内在的信号

6 号不仅怀疑他人，也怀疑自己。怀疑阻碍了他们的感觉。他们可能听见你说的话，但是并不完全相信，因为他们并没有完全感觉到。因此，要讨好 6 号可不是件容易的事情。对他们真心的赞许也不会被完全接受。大多数时候，他们会将他人的赞美看作“客气话”，这并不是说 6 号认为你在撒谎，而是觉得你话里有话。这时，他们可能对他人进行追问，以证实自己对他人的负面猜测，常常引起他人的反感。

6 号在安全和压力下的反应

为了顺应成长环境、社会文化等因素，6 号性格者在安全状态或压力状态的情况下，有可能出现一些可以预测的不同表现：

◇ 安全状态

当 6 号感到安全时，他们的性格会向 9 号性格者靠近。他们会感到放松，内心被解放，思想平静下来，身体意识重新回来，感觉就好像返回自己的理性中。他们开始认识到自己的恐惧感，并主动去改变它。而也只有当痛苦远离时，他们才知道自己受到了多大的伤害。也就是说，6 号可能并不知道自己想象了最糟糕的结果，但是一旦这种想象消失了，他们会如释重负。

但 6 号在感到放松的同时又会担心失去自己的优势。因为他们认为，当感到放松和快乐时，他们的警觉力就容易减弱。也就是说，6 号尖锐的注意力很可能让他们在无意中发现危险信号。当这种思想状态松懈时，注意力从外界转移到自己身上。感官的灵敏度增强了，但是原本的关注却受到了干扰。6 号性格者所说的“失去优势”，实际上就是因为自己失去了关注的焦点，感觉整个人好像漂浮起来了。他们可能像9号一样寻找不到自己的人生目标，感到空虚和寂寞。

◇压力状态

当6号处于压力状态时，他们的性格会向3号靠近。6号想要其他人来帮他们完成没有做完的事情。这种内心的紧张达到高峰时，就会引发两种结果——奋起反抗或者溜之大吉。如果得不到放松，恐惧症型的6号就可能长期处于抑郁这种状态，而反恐惧症型的6号不愿再等下去，他们主动开始行动。行动会让他们感觉好起来，就好像你在跑步的时候，只要向前迈出一步，就是离终点又近了一步。如果能够让6号学会放松，把注意力集中在要做的事情上，忽略内心的恐惧感和紧张感，反而能极大地提升6号的行动力，有益于6号的发展。

第二章　与6号有效地交流

观察6号的谈话方式

当人们和6号性格者交往时，只要细心观察，就会发现6号性格者具有以下一些说话方式：

◎他们讲话的时候声带颤抖、久久不切入正题。

◎经常使用：慢着、等等、让我想一想、不知道、或者可以的、怎么办、但是……不确定的语言，给人的总体感觉是谨慎、拘谨。而这正是他们内心疑惑的表现。

◎讲话时，语气语调比较低沉，节奏比较慢，谈问题时兜兜绕绕，很少切入正题，常从旁敲侧击的角度，去探测对方值不值得信任。

◎6号的话比较多，特别是当他们想问一个问题和验证一件事情的时候，他们会不断地说过来说过去，话中充满着矛盾。

◎6号的话语中理性、逻辑的成分非常多，甚至是情感、情绪也是以逻辑的形式表达，让人很难感受到他们真实自然的情感。

◎在言语表达过程中，6号人格者喜欢绕弯子，做大量铺垫，来强调自己的"理"，最后再让对方通过这些"理"明晓说话者内心想要表述的信息，至此，6号人格者收获一份被理解和支持的感觉。

读懂6号的身体语言

当人们和6号性格者交往时，只要细心观察，就会发现6号性格者具有以下一些身体信号：

◎6号人格者的身材适中，因为他们需要足够的体力或者说能量来让自己感受到充实感。

◎6号人格者的着装以便于打理为原则，朴实无华，但并不老土过时，只是深色居多、款式简洁而已。

◎6号在身体语言上往往会有肌肉绷紧、双肩向前弯的表现。

◎有着慌张、避免眼神接触的面部表情，有时候会瞪起眼睛盯着别人。

◎感到紧张时，他会出现吞咽口水的不雅动作。

◎6号人格者的眼神总是焦虑的、不安的，颧骨部位的肌肉总是紧张的，即便他们在笑的时候，眼神的焦虑和颧骨部位肌肉的紧张感也不退场。

◎他们对环境的敏感，导致眼神总是时刻环顾着环境中的细微变化——多表现为横向移动，因为他们在扫描环境中的人。

◎说话的时候，6号总是边想边说，因此他们的眼睛总配合大脑警惕地转动。

对6号，收起你的猜疑心

6号有着强烈的不安全感和怀疑思想，因此他们在为人处世时相当小心谨慎，总是对环境中可能存在的风险及问题忧心忡忡，常常令自己陷入不安境地。他们对于环境中的任何一个细微变化，都会十分敏感，这份敏感并不是指向体察对方的感受，而是通过敏感地察觉对方的变化来体会自己内心的感受，而后以逻辑的方式根据这份感受梳理出自己对变化的判断，继而判断所处环境是否安全，自己是应该静观其变，还是应该抽身离去。

总之，在6号看来，怀疑是必须的，有助于他们作出正确可靠的抉择。因此他们看见和经历的所有事情都在质疑的范畴之内，别人说的话他们质疑，自己的思想和能力他们也质疑。他们总是设想未来的种种悲惨景象，是为了一旦大难来临时能够从容地应对。然而，6号常常陷入怀疑的误区——猜疑中，使得他们过分戒备身边的人，对于别人给予的帮助也要思索几分，那只会遮蔽他们发现善的眼睛。

因此可知，如果人们在与习惯猜疑的6号交流时，也采取猜疑的态度，只会加剧6号的不安全感，恶化彼此的关系，甚至可能激起6号强烈的反抗。

一个商人有一对双胞胎儿子。当这对兄弟长大后，就留在父亲经营的店里帮忙，直到父亲过世，兄弟俩接手共同经营这家商店。

一切都很平顺，直到有一天店里丢失了10美元，从此兄弟二人的生活开始发生了变化：哥哥将10美元放进收银机，与客户外出办事了。当他回到店里时，突然发现收银机里面的钱已经不见了！他问弟弟："你有没有看到收银机里面的钱？"

弟弟予以否认。

但是哥哥对此事一直心存疑虑，咄咄逼人地追问，不愿罢休。

哥哥说："钱不会长了腿跑掉的，你一定看见了那10美元。"语气中隐约带有强烈的质疑意味，不久手足之间就出现了严重的隔阂。

开始双方不愿交谈，后来决定不再一起生活，在商店中间砌起了一道砖墙，从此分居而立。

20年过去了，敌意与痛苦与日俱增，这样的气氛也感染了双方的家庭与整个社区。之后的一天，有位开着外地车牌汽车的男子在哥哥的店门口停下。

他走进店里问道："您在这个店里工作多久了？"哥哥回答说他这辈子都在这店里服务。客人说："我必须要告诉您一件往事：20年前我还是个不务正业的流浪汉，一天流浪到你们这个镇上，已经好几天没有进食了，我偷偷地从您这家店的后门溜了进去，并且将收银机里面的10美元取走。虽然时过境迁，但我对这件事情一直无法忘怀。10美元虽然是个小数目，但令我深受良心的谴责，我必须回到这里来请求您的原谅。"

说完原委后，这位访客很惊讶地发现店主已经热泪盈眶并哽咽地请求他："是否也能到隔壁将故事再说一次呢？"当这位陌生男子到隔壁说完故事以后，他惊愕地看到两位相貌相像的中年男子在商店门口痛哭失声、相拥而泣。

20年的时间，怨恨终于被化解，兄弟之间存在的对立也因此消失。可是谁又知道，20年猜疑的萌生，竟是源于区区的10美元。生活中，哪怕是一点点的猜疑，也可能让人失去最珍贵的东西。猜疑是人性的一个顽疾，不易剔除，时时都困扰着人们的心灵。猜疑的人往往对别人的一言一行都很敏感，喜欢分析深藏的动机和目的。而这种猜测往往缺乏事实根据，只是根据自己的主观臆断毫无逻辑地去推测、怀疑别人的言行，结果可想而知。

在人们与6号的人际交往中，不仅需要6号克制自己的猜疑心理，多练习对人对事的信心，更客观地看待问题，同时也需要人们自己不要以猜疑的心态去应对6号的猜疑，因为一般情况下，以恶制恶的结局常常是两败俱伤。

第三章　透视6号上司与下属

对6号上司坦诚相待

6号性格者总是生活在焦虑和疑惑中，常常会有不安之感，这是因为他们认为这个世界充满危机，所见所闻或联想到的净是发生负面情况的可能性，并期望能预见为即将面临的危机做好准备，以安抚自己不安的心。他们总是寻找现实世界的深层含义，希望能够透过表面看到本质。

要打消6号的怀疑，最好的办法就是让他们去验证事实。而且，这还能促使他们把自己心中积极的想法和消极的想法都说出来，直接从怀疑对象那里得到回答，他们就能知道哪些是正确的直觉，哪些是错误的直觉。

工作过程中，每个人考虑问题的角度和处理的方式都是有差异的，对上司所作出的某些决定也许会有看法，在心里存有相左的意见，甚至衍变为满腔牢骚。在这种情况下，切不可到处宣泄，否则经过口耳相传，即使是事实也会变调变味，如若上司听到，势必让他生气和难堪，感到自己被抛弃，难免会对下属产生不好的印象。况且，这种做法也暴露了员工自己性格上的弱点，容易被居心不良的人所利用，给自己的职业发展带来不利影响。

对于疑心重的6号上司来说，他们更加渴望员工能对自己坦诚相待。如果员工喜欢与身边同事窃窃私语，这样会被6号上司看作一种潜在的威胁。因此，如果你们谈论“八卦”话题，也大可以在他们面前大方交流，与其被6号人格上司误会你们，以致暗生防范心，还不如坦率在其面前暴露“不良嗜好”。这么做，你甚至会发现，他们不但不会批评你们，反而极可能加入八卦话题讨论中，因为他们渴望得到身边人忠诚支持的本质，会让他们抓住一切可能的机会建立维护忠诚和谐的团队关系。

而且，6号上司本身在沟通时容易过分陷入“理”的状态从而忽略掉自己真正想要表达的焦点。因此他们希望别人能坦诚直接地表达自己的意图，如果拐弯抹角地表达，容易让6号人格上司认为你正在“搞小动作”或私自盘算，怀疑你在隐瞒什么。

总之，当人们面对疑心重的6号上司时，坦诚相待是最好的方法。人们要在恰当的时候找到6号上司，根据他们的性格和脾气、选择其最能接受的语言表述和诚恳待人的态度进行沟通。作为6号上司，他感受到你的尊重和信任，就会认为你是忠诚的，就会给予你充分的信任和支持，促进事情朝双方都满意的方向发展。

6号上司喜欢踏实的员工

6号上司认为，要营造一个安稳的团队环境，不仅需要团队成员对领导者的高度忠诚，更需要团队成员踏实做事的精神。

小刘刚进公司的时候，公司正提倡“博士下乡，下到生产一线去实习、去锻炼”。实习结束后，领导安排他从事电磁元件的工作。堂堂的电力电子专业博士理应干一些大项目，不想却坐了冷板凳，搞这种不起眼的小儿科，小刘实在有些想不通。想法归想法，工作还要进行。就在小刘接手电磁元件的工作之后不久，公司电源产品不稳定的现象出现了，结果造成许多系统瘫痪，给客户和公司造成了巨大损失，受此影响公司丢失了5000万以上的订单。在这种比较严峻的形势下，研发部领导把解决该电磁元件问题故障的重任，交给了刚进公司不到三个月的小刘。

在工程部领导和同事的支持与帮助下，小刘经过多次反复实验，逐渐清晰了设计思路。又经过60天的日夜奋战，小刘硬是把电磁元件这块硬骨头啃下来了，使该电磁元件的市场故障率从18%降为零，而且每年节约成本110

万元。现在，公司所有的电源系统都采用这种电磁元件，时过近两年，再未出现任何故障。

这之后，小刘又在基层实践中主动、自觉地优化设计和改进了 100A 的主变压器，使每个变压器的成本由原 750 元降为 350 元，且消除了独家供应商，减小了体积和重量，每年为公司节约成本 250 万元，并对公司的产品战略决策提供了依据。

老子曾说："轻则失本，躁则失君。"意思是在忠告人们：不管你的能力有多强，你都必须从最基础的工作做起。职场永远不会有一步登天的事情发生，任何人要想脱颖而出，唯一的方法就是把现在的工作做好，在普通平凡的工作中创造奇迹。

而当人们面对追求稳定的 6 号上司时，更要摒弃浮躁，踏实做事，才能被他们视作忠诚的员工，才能赢得他们的信任和支持，从而为自己赢得良好的发展。

对 6 号员工要守信重诺

6 号性格者十分看重忠诚的品质，他们要求自己做到守信重诺，同时也要求别人信守承诺，对他们承诺的事情或表示过要为他们争取的利益就一定要做到。哪怕是你玩笑的一句话，只要是与他们的利益收获有关，都会被他们看作你对他们的承诺。因此，领导者在管理 6 号员工时，要注意察觉自己在与 6 号员工相处时，是否有意无意表达出满足他们某些利益的意思，一旦话出口，就一定要想着给他们兑现，否则会被他们看作不守信用，会激起他们对权威的反抗情绪，成为让你头疼的员工。

当领导者面对疑心重的 6 号员工时，更需要信守承诺，说到做到，才能在 6 号员工心目中树立一个可靠的形象，才能赢得他们的尊敬和信服，从而忠诚地做事。

公元前 356 年，商鞅积极准备变法。商鞅将准备推行的新法与秦孝公商定后，并没有急于公布。他知道，如果得不到人民的信任，法律是难以施行的。为了取信于民，商鞅采用了这样的办法。

这一天，正是赶大集的日子，城区内外人声嘈杂，车水马龙。时近中午，一队侍卫军士在鸣金开路声的引导下，护卫着一辆马车向城南走来。马车上除了一根三丈多长的木杆外，什么也没装。军士们将木杆抬到车下，竖立起来。一名带队的官吏高声对众人说："大良造有令，谁能将此木搬到北门，赏给黄金10两。"

众人议论纷纷，都不敢相信天底下有这样的好事，因此没有人肯上前去试一试。官吏又宣读了一遍商鞅的命令，仍然没有人站出来。

城门楼上，商鞅不动声色地注视着下面发生的这一切。看见无人接令，他便命令侍从在守在木杆旁的官吏面前传达新的命令。官吏听完后，提高了声音向众人喊道："大良造有令，谁能将此木搬至北门，赏黄金50两！"

众人哗然，更加认为这不会是真的。这时，一个中年汉子走出人群对官吏一拱手，说："既然大良造发令，我就来搬，50两黄金不敢奢望，赏几个小钱还是可能的。"

中年汉子扛起木杆直向北门走去，围观的人群又跟着他来到北门。中年汉子放下木杆后被官吏带到商鞅面前。

商鞅笑着对中年汉子说："你是条好汉！"商鞅拿出50两黄金，交给汉子。

消息迅速传向四面八方，国人纷纷传颂商鞅言出必行的美名。商鞅见时机成熟，立即推出新法。第一次变法就这样取得了成功。

人无信不立，赢得他人信任是我们做事的第一步，尤其是在强调团队精神的现代社会，许多工作需要大家的通力合作。而赢得信任就是这个过程的第一步，如果别人不信任你，就不会与你合作，甚至会给你带来阻力。商鞅就是充分认识到这一点，从而让他的变法能够成功而顺利推行，他的伟大功绩也因此而流传千古。

领导者要赢得6号的信任和支持，"可靠"是打动他们最有效的方式，而这也是他要求自己力行的特质。因为他们认为这是友好结盟的第一要件。此外，6号对权威很敏感，害怕成为上位者滥用权力的受害者，所以，最好不要用专制的口吻命令他做事，那很容易招致他对你采取对立且不信任的立场。

帮助6号员工化质疑为动力

对于6号性格者来说，怀疑是他们的天性，他们怀疑一切，而且很欣赏和满足于自己的怀疑态度和做法，他们感觉这种怀疑习惯可以增强他们的活力。固然在某种程度上，怀疑是必需的，也是健康的，能够帮助人们作出正确可靠的抉择，但如果过于怀疑一切，陷入猜疑之中，就可能会阻碍行动，久而久之，对6号的自我形象和自信产生颇为严重的损害，也不利于6号事业的发展。

因此，领导者在面对6号不断发问的怀疑精神时，不要表现出不耐烦，而要用事实来论证，往往能够给予6号足够的安全感。而且，领导者还应注意引导6号员工的怀疑精神往创新方面发展，帮助他们化怀疑为动力，避免他们陷入猜疑的旋涡。

一切伟大而有成就的人往往喜欢思考，对自己存有疑虑的问题切不可盲从权威，而是要进行深入的思考和研究，直至得到一个满意和令人信服的答案。正如著名物理学家爱因斯坦所说："我没有什么特别的才能，不过喜欢寻根究底地追问问题罢了。"

对于喜欢用负面情绪去质疑世界的6号来说，他们常常在工作中提出无数个"为什么"，也乐于去寻找答案。但寻找答案的过程是漫长的，这常常使得他们感到希望渺茫，因此而悲伤、忧郁。这时如果领导者能给予6号充分的鼓励和支持，就能帮助6号重拾探索的信心，积极努力地工作，使得6号的质疑变成了他们前进的动力，为他们自己以及团队赢得更好的发展。

第四章　6号打造高效团队

6号制订最优方案的技巧

6号和5号一样，善于思考，习惯在做事前进行大量的调查和准备，尽可能地搜集信息，尤其是可能导致危险的信息，从而排除掉他们可能想到的所有意外，力图制订出一个万无一失的方案。由此来看，6号具有较强的制订最优方案的能力。

在制订方案时，6号往往有着以下一些特点：

◇ 始终如一

6号缺乏安全感，不喜欢变化，因为变化意味着危险，因此，他们喜欢制订始终如一的方案，而且这个方案应该是解决问题的行动进程。为了保证这个方案的可行性，6 号必须考虑到事情发展过程中的方方面面，因此他们通常不制订单方面的方案，而是经常把方案制订当成创造性解决问题的方式，从其他人那里得到大量的参与将会有更好的解决方案。这样制订方案让 6 号更加确信他们已经把所有可能的意外都考虑进去了，他们也有把握会从他们制订的方案中得到支持。

◇ 丰富的想象力

6 号习惯关注事情发展中的负面影响，因此他们总是试图分析所有可能发生的潜在问题，评估正反两方面每种可能发生时的影响，然后决定最佳的选择。因为 6 号拥有细致入微的想象力，很多 6 号领导者脑海中会浮现鲜活生动的未来景象，预期一个个结果，然后制订行动方案。当 6 号学会了区分直觉和投射作用后，他们往往能够较为准确地预测事情的发展，有效规避危险。

◇ 突破旧有规则

6 号习惯遵守规则，关注组织的方案制订权力架构和组织文化，但前提是它们必须是公平公正，具有极强的正面影响力的。也就是说，6 号可能不会服从组织成文或不成文的规则，当 6 号没有按照规则制订方案时，他们知道自己并没有严格按照期望去做事情，但是他们感到无论如何也要强迫自己这样违背规则，这往往能帮助 6 号制订更好的方案。

◇ 相信自己的判断力

大多数时候，6 号是充满自我怀疑的，尤其是当他们感到自己没有得到组织及其领导者的支持，或者 6 号从一个必须制订的方案中想象不出有什么正面结果，他们就会表现出明显的不确定性和矛盾性。在很长一段时间里，他们可能在不同的方案选择中来回摇摆，或者制订了一个方案，然后却没有完全贯彻执行，因此降低了自己的威信：或者根本什么方案都不制订。但只要 6 号能够相信自己的判断力，就能迅速作出决定。

总之，6 号在制订方案时要相信自己的内在力量，相信自己的判断力，善用自己的直觉，就能制订出最优的战略方案。

ENNEAGRAM

第八篇

7号享乐型：天下本无事，庸人自扰之

第一章　7号享乐型面面观

7号性格的特征

7号性格是追求享乐的乐天派，他们天性乐观，喜欢追求新鲜刺激的体验，对于生活中的困难他们常常抱一种无所谓的乐观心情，他们总是大大咧咧，精力充沛，言谈举止掩饰不住搞笑，甚至给人一种“没心没肺”的感觉。他们的人生信条是：“我的快乐我做主！”

他们的主要特征如下：

◎乐观开朗，活泼好动，是快乐的天使，常给周围带来快乐。

◎考虑问题很积极，但真的发生问题，可能会以追求快乐的行为来逃避。

◎喜欢追求生命中自由自在的感觉，不喜欢被环境或他人束缚手脚。

◎害怕沉闷的生活，总是积极参加各种新奇和刺激的活动，追求多元化的快乐感觉。

◎喜欢拥有多重选择，单一的选择会让他们觉得索然无味。

◎他们待人坦诚率真，感情不加掩饰，常常给人一种没大没小的感觉。

◎眼神古灵精怪，面部表情丰富，常常带着开心的笑容。

◎身体动作比较丰富，手势多且夸张，常常喜笑颜开，手舞足蹈。

◎语速很快，声音洪亮，语气和神态都带搞笑，说话没有重点，常常跑题。

7号性格的闪光点

追求享乐的7号性格有很多优点，以下这些闪光点值得关注：

◇ 活跃气氛的高手

7号常常是工作或者社交场合的开心果，有他们的地方就有笑声，他们给这个世界带来欢乐，是活跃气氛的高手。

◇ 敢于冒险的尝鲜者

7 号常常只需要较小的把握就敢于行动，他们寻求刺激，他们更在乎过程而不是结果，这常常让他们拥有更多的机会。

◇ 拥有广泛兴趣

7 号的兴趣常常十分广泛，是人们眼中的全才，常常多才多艺。

◇ 富有创意的点子王

7 号常常有很多的主意，他们总能想出一些新鲜的点子来。他们创意不断，称得上是富有创意的点子王。

◇ 善于制订计划

7 号常常善于制订一个具体的计划，应该采取什么步骤，应该采用什么方法，他们常常能够提前安排好。

◇ 优秀的公关人员

7 号善于交朋友，他们常常拥有各种类型的朋友。他们拥有一颗童子的心，非常能感染别人，是很好的公关人员。

◇ 具有抗挫折的能力

7 号受到挫折，常常可以很快从悲痛中走出来，他们的抗挫折能力很强，具有旺盛的生命力，这对他们的事业和人生发展大有好处。

7 号发出的 4 种信号

7 号性格者常常以自己独有的特点向周围世界辐射自己的信号，通过这些信号我们可以更好地去了解 7 号性格者的特点，这些信号有以下四种：

◇ 积极的信号

7 号性格者不断向周围世界释放着一些积极的信号。

7 号是快乐的天使，日常的生活和工作因为他们而会更加具有快乐的色彩，他们走到哪里都会带来欢声笑语。

他们态度积极，对未来的乐观态度能够鼓舞他人，让人们接受他们的所有潜能和可能性，也能带给周围的人很多正面的影响，让别人感受他们的激情。

他们充满想象力和创新力，常常能够化腐朽为神奇，变平淡为美妙，一次的简单散步都可以变成与自然和季节的亲密接触。他们好想法不断，思想天马行空，不按套路出牌，是不拘一格的点子大王。

◇ 消极的信号

7 号性格者也不可避免地向周围世界释放一些消极的信号。

7 号过度自恋，常常只是关注自己的安排和自己的快乐，难以注意他人的需求，看上去对他人漠不关心，似乎是没心没肺的人，和他们在一起，难以感觉到他们对他人的关心。

他们常常不能够做出承诺，即使做出承诺也很难兑现。他们总是在逃避自己的责任，用玩乐来转移自己的烦恼情绪。他们的这种特征，让人感觉他们不能依靠，也难以取得对他们较深层次的信任。

另外，他们常常非常随性，说话口无遮拦，这都有可能无意中给别人带去深深的伤害，但是他们可能自己还不知道。

◇ 混合的信号

7 号性格者发出的信号很多时候是混杂的，会让人难以捉摸。

他们经常给自己保留多种选择，甚至有时候他们的选择可能前后矛盾。这样的生活方式会表达出很多信息，让你难以知晓他们到底要怎样，对想法也会有点摸不着头脑。

他们寻求自己的兴趣和快乐，真心的承诺对于他们来说显得困难。他们的注意力会时有时无，这些都让人感觉他们游移不定。

◇ 内在的信号

7 号性格者自身内部也会发出一些信号。

7 号常常陷入迷惑，很难分辨哪些是自己真心想要的，而哪些是自己的一时兴起，因而他们常会陷入选择的困境中，不知道该选择哪条道路。

他们的注意力非常分散，游离转移。他们迷恋多样化的选择，难以忍受必须做出选择所需要做出的牺牲，对于放弃的决定很难下达，要他们放弃他们会觉得人生灰暗无光。不断犹豫不决，他们担心自己因为不成熟可能错过正确的选择。

他们似乎是在被外力推动下作出的选择，或者放弃一些选择，他们难以主动去进行取舍。他们的内在因为这种迷惑，也会陷入自我的迷失而不断挣扎。

第二章　与7号有效地交流

观察7号的谈话方式

7号喜欢欢乐，他们期待周围的人和事物都让自己快活，他们的这种心理特点使得他们的谈话显得轻松有趣，会让周围的人感觉到兴奋和欢快，但是另一方面，也可能使得他人感觉到自己总是被他们捉弄，或者被他们所忽视。

下面，我们就对他们的谈话方式进行一个简单的说明：

◎7号人格语速很快，声音洪亮，他们的谈话显得很有活力和激情，很难感受到烦恼和愁绪，但也显得夸张和急躁。

◎他们的谈话充满幽默元素，语调欢快、亲切有趣，善于调动气氛，常常让大家在欢快气氛之中乐不可支。他们的态度搞笑，语气和神态都透露着搞笑的劲头，即使是讲述自己悲伤的经历或抱怨负面情绪时，也经常因为搞笑的劲头而让身边的人不禁莞尔。

◎他们在说话的过程中特别容易偏离主题，总是被有趣、刺激的事物吸引。他们具有一心多用的特质，谈话似乎是一条没有固定方向的河流，他们随时可能改变河道。他们善于讲一件事情的时候，突然又转而讲述了另一件事，或者特别讲述这件事中一个特别的细节。当然他们对于自己的跑题不以为然，只要正在谈论的话题好玩和有趣就行，其他的因素在他们那里都是不重要的。

◎他们常常喜欢一个人说，很难有耐性去听别人讲述一件事情。他们甚至经常打断对方，努力把话题导引到别的领域。他们这样的特点常常让人感觉有点粗鲁和不近人情。

◎有他们的地方常常有笑声，他们常常语不惊人死不休，他们经常用的词有：快乐、开心就好、无所谓、没事的、这事还没完、快点等。

读懂7号的身体语言

当人们和7号性格者交往时，只要细心观察，就会发现7号性格者具有以下一些身体信号：

◎7号常常充满活力，他们的身体语言不会给人弱而无力的感觉。

◎由于他们关注环境中一切有趣、好玩的事情，导致他们很容易走神。

◎他们坐卧站立都显得不安生，很少安安静静待在一个地方。

◎他们走起路来给人风风火火的感觉，似乎总是在蹦蹦跳跳。

◎7号常常喜欢佩戴一些有意思的饰品来装点自己，但他们很少顾及饰物是否与衣着协调，只是图个新鲜好玩。

◎7号的眼神充满活力，总是有一种闪耀的光芒，显得古灵精怪。

◎他们常常是笑容满面，挂着开心开怀的笑容。

通过身体语言，我们可以去辨别一个人是不是7号，去判断他们的心理状态。我们也可以将身体语言作为和他们交流的一个重要参考。

7号喜欢轻松快乐的氛围

7号具有天真、坦诚和灿烂的个性，他们常常把焦点放在了快乐、轻松的氛围上，觉得这样的人生才有意思。

他们就像下边故事中的约翰一样，即使在生命垂危之时，依然可以抱有足够的幽默感和乐观精神，随时保持着旺盛的生命力，总能让周围的人处于他们营造的快乐氛围中。

约翰是一家公司的销售主管，他的心情总是很好。当有人问他近况如何时，他回答："我快乐无比。"

如果哪位同事心情不好，他就会告诉对方怎么去看事物好的一面。他说："每天早上，我一醒来就对自己说，约翰，你今天有两种选择，你可以选择心情愉快，也可以选择心情不好，我选择心情愉快。每次有坏事情发生，我可以选择成为一个受害者，也可以选择从中学些东西，我选择后者。人生就是选择，你要学会选择如何去面对各种处境。归根结底，你自己选择如何面对人生。”

有一天，他被三个持枪的歹徒拦住了。歹徒朝他开了枪。幸运的是发现较早，约翰被送进了急诊室，经过18个小时的抢救和几个星期的精心治疗，约翰出院了，只是仍有小部分弹片留在他体内。6个月后，他的一位朋友见到了他。朋友问他近况如何，他说："我快乐无比。想不想看看我的伤疤？"朋友看了伤疤，然后问当时他想了些什么。约翰答道："当我躺在地上时，我对自己说有两个选择：一是死，一是活，我选择了活。医护人员都很好，他们告诉我，我会好的。但在他们把我推进急诊室后，我从他们的眼神中读到了'他是个死人'。我知道我需要采取一些行动。""你采取了什么行动？"朋友问。约翰说："有个护士大声问我对什么东西过敏，我马上答'有的'。这时，所有的医生、护士都停下来等我说下去。我深深吸了一口气，然后大声吼道：'子弹！'在一片大笑声中，我又说道：'请把我当活人来医，而不是死人。'"

约翰就这样活下来了。因此，和7号在一起，也应该考虑他们的这一特点，和他们交往的时候，不要太严肃和拘谨，要放得开一点，尽量和他们一起共同营造一个轻松快乐的氛围。这样的话，他们也会和你产生更多的共鸣。

第三章　透视7号上司与下属

融入轻松欢快的团队气氛

7号领导为快乐而工作，他们工作的场合常常也会变成快乐的舞台，整个团队的文化是快乐的，让人感觉轻松和愉悦。

他们的人生是快乐导向，他们最恐惧的就是自己人生的最后阶段，自己只是忙于工作，成为金钱的奴隶，会像下边的那位老先生那样，发现自己错失了太多的快乐。

一位得知自己将不久于人世的老先生，在日记簿上记下了这段文字："如果我可以从头活一次，我要尝试更多的错误，我不会再事事追求完美。我情愿多休息，随遇而安，处世糊涂一点，不对将要发生的事处心积虑地计算。可以的话，我会多去旅行，跋山涉水，更危险的地方也不妨去一去。过去的日子，我实在活得太小心，每一分每一秒都不容有失，太过清醒明白，太过合理。如果一切可以重新开始，我会什么也不准备就上街，甚至连纸巾也不带一块。如果可以重来，我会赤足走在户外，甚至整夜不眠。还有，我会去游乐园多玩几圈木马，多看几次日出，和公园里的小朋友玩耍……只要人生可以从头开始。但我知道，不可能了。”

他是个彻头彻尾的商人，活在尔虞我诈的商场，他曾经倾尽全力、亲力亲为，弄得自己心力交瘁。为此，他总能找到借口自我安慰：“商场如战场，我身不由己呀，我身不由己！”直到临终一刻，老先生才彻底醒悟，生活不需要很多钱，简单生活，让自己快乐才是最珍贵的。因为恐惧错失快乐，7号上司在工作中常常不要求员工有严格的等级观念，只要员工在正式场合保持基本礼仪就可以。所以他们的言谈总是给人轻松搞笑的感觉，他们还会经常跟各个单元的员工开各种玩笑。

他们常常使用有趣的称呼，对人可能采取戏称，常常使用哗众取宠的说辞。他们总是为团队气氛加入一份快乐的元素，给人一种天真烂漫的童趣感。

在这个每天进行重复性工作的环境中，他们很可能在工作期间给大家发一些小笑话、搞笑网页或奇闻轶事的帖子。公司的QQ群也经常被他们以各种搞笑的手段充满，有时他们还会直接走到办公区给大家讲述一些好玩的故事。午餐时他们会不断讲一些笑话，让大家在饭桌上笑声不停。下班后他们可能经常组织大家去聚会唱K。他们始终注意去激发众人的热情，让大家在轻松、欢快的氛围中开展工作。

如果你能融入并享受他们所带来的轻松气氛，你的生活也会产生变化，不再那么呆板，不再只是埋头工作，不再那么拘谨，这种团队氛围必将促使你更多地发挥你的创造力和热情。

7号老板讨厌办公室政治

7号人格上司喜欢人与人之间关系的无拘无束，他们弱化等级观念，他们的管理是平等化的民主管理。他们希望大家都以率真、坦白的方式相处并开展工作，他们讨厌办公室的政治斗争，对于自己的下属，如果私自在办公室发展“小圈子”“小派别”，他们会表现出极度的反感。

如果7号的下属卷入办公室政治，拉帮结派，他们很可能会落一个类似于故事中乔尼斯这样的结局。

乔尼斯在某跨国传媒公司下属的一个办事处工作，和其他4名员工一起，在频道主编的带领下，努力地工作，他们负责的频道眼看着越办越好。谁也没想到，一场因为值班而引发的派系争斗悄悄降临……

一个周末，轮到乔尼斯这一组值班。一位同事头天加班，早晨晚到了一会儿。乔尼斯因为生病，也是下午才过去。不料这些都被“顺带路过”的总编看在眼里。第二天，公司里开始盛传“××频道的员工不肯值班”，好在频道主编挺身而出，替他们澄清……事情很快平息，但总编和他们的关系从此急转直下。

当别的频道还在建设中时，乔尼斯这一组已完成了所有的准备。可在例会上，总编却要求他们加班，说是“权当做给上面看，样子卖力点，也好加工资”，却遭到了频道主编的反驳：效率出工作，没必要作“秀”嘛。看得出来，总编脸上有点挂不住。

两个月后，总编总算钻到了“空子”：频道主编怀孕，开始休假。第二天，总编立马就给××频道“穿小鞋”——每天召开三刻钟会议，一开就是一星期，会议的主题只有一个：反复强调剩下的4个人要归他直接负责，××频道的内容需要全面调整。

以后，总编的小动作不断：试用期过了，乔尼斯的工资却明增暗减，公司里更在盛传××频道已经被判了“死刑”。

谣言很快变成了现实。一个月后，总编直截了当地对乔尼斯说：“公司里要调整职位，你的文笔不错，应该可以找到新的工作。”很快，另外3个人也遭厄运：一个同样被辞退，总编找人传个话，就把他打发了；一个调到市场部；最后一个“独木难成林”，请了病假。人事经理事后悄悄告诉乔尼斯：“你们的上司不在，谁也保不住你们。”

因此，在7号的手下干，一定要小心，不要轻易去涉及办公室的政治小团体，这有悖他们的管理原则。否则的话，常常会受到7号老板严厉的打击。

善用他们开心果的角色

7号在生活当中常常是开心果的角色，有他们的地方就有笑声。在开展工作的过程中，也一定要善用7号人格下属的开心果角色。

工作在开展过程中，常常会变得单调、重复，这个时候大家的心情都会显得沉闷，没有效率。这个时候可以发挥7号员工营造快乐气氛的天分，让他们担任一些团队建设或企业文化宣传的任务，这样不仅可以帮助他们发现工作的乐趣，还可以帮助你有效地构建和维护团队和谐、轻松的人际氛围。

另外，如果为了消除企业中不同部门之间的陌生感，提升企业文化在员工心中的融合度，他们也是很好的人选。

在央视大制作《创业英雄会》上，牛根生作为主持人，在俞敏洪和马云之间挑起争斗，争斗的焦点最终归属到悟空和八戒身上。俞敏洪认为悟空适合创业，有能力，有毅力。马云愿意选择八戒这样的合作伙伴，因为乐观，故而能长久。

“你为什么要选猪八戒？”牛根生问马云。

“最适合做领袖的当然是唐僧，但创业是孤独寂寞的，要不断温暖自己，像左手温暖右手，还要一路幽默，给自己和团队打气，因此我很希望在创业过程中有猪八戒这样的伴侣。当然，猪八戒做领导是很欠缺的，但大部分的创业团队都需要猪八戒这样的人。”马云回答说。

俞敏洪仍是笑：“猪八戒更适合做一个成员，他是很轻松，但也不坚定，需要领袖带着才能往前走。猪八戒既然没信念，哪好就会去哪，哪有好吃的就往哪去，很容易在创业过程中发生偏移，有钱会，没钱也会。但孙悟空就不会，他有信念，知道取经就是使命，不管受到多少委屈都要坚持下去。也有忠诚，不管唐僧怎么折磨他都会帮助他一路走下去。还有头脑，在许多艰难中会不断想办法解决。有眼光，能看到别人看不到的机会和磨难。”

马云忍不住反驳道：“你是喜欢精英，我则喜欢平民。”

牛根生跟着发问：“要是你们选合作伙伴，会选谁？”

俞敏洪坚持选孙悟空，一直没有取代唐僧的猴子让俞敏洪感觉无比安全。

马云没选，他只说：“孙悟空的优秀谁都看得见，但猪八戒则有大家看不见的优点，做领导正是要发现别人的擅长。取经是团队的胜利，并非只靠金箍棒。”

是的，像猪八戒这样的7号是团队成功所需要的，正如马云所说的，“我很希望在创业过程中有猪八戒这样的伴侣”，领导如果想给团队加入更多的活力，就一定要学会善用他们开心果的角色。

和他们在一起不要太古板

7号员工喜欢轻松搞笑，但是他们也希望自己的轻松搞笑被周围的人接受，并且能够真正地给周围的人带来快乐，这是他们满足自己成就感的一个很重要的方面。

因此，如果自己是一个不习惯快乐轻松的人，那么也许你不能做到像他们那样经常那么轻松愉快，但是如果你能放下一些自己的古板风格，也会有助于你和自己的7号员工进行有效的沟通。

我的老板是一个很古板的人，和她在一起我真的感觉有点悲哀。

她的古板，首先体现在个人形象的打理上。她的头发不能卷、不能拉，更不能染，她怕化学物质不但会影响身体，也会破坏原始的发质。她的眉毛不能修，因为那有失自然，在她眼里，一条线一样的眉毛显得没个性而又难看。

她不会玩。她酒吧没去过，麻将没打过，现今流行的“三国杀”更是不会，不会不要紧，要命的是她从没想过要去学，这人也太无趣了吧。

她经常板着一张脸，仿佛周围的人都欠她钱似的。她总是一丝不苟的样子，让我在她面前总是感觉有很大的压力。

她不但自己不喜欢玩，而且也不喜欢我的嘻嘻哈哈的态度。我在公司QQ群里时不时发一些笑话和有意思的小故事，我的本意是让大家好好高兴高兴，开开心心地工作，可是我的老板专门找我谈话，说工作时间不要搞这些没有意义的事情。

工作的时候，我时不时喜欢来回走走，在各个办公室之间串串门，和其他部门的员工话话家常，有一次被她逮到了，于是她就给我了一个严重警告，并且召开部门的会议时指名道姓批评我的无组织和无纪律。

在她的手下干，我觉得很无奈，我总觉得自己需要不断约束自己。她总是在挑我的毛病，她总是拿芝麻小事来说事，我烦都快烦死了，我要尽快离开这个公司。

上边故事中的主人公就是一个典型的7号，当他遭遇一位古板的老板时，他感觉很受伤。其实7号本质是追求快乐的，他们表现的行为在古板的老板看来也许是大逆不道的行为，但是不可否认他们在组织内的积极作用。面对他们还是不要那么古板才好，否则你也许会损失一位优秀的人才。

引导7号重视工作结果

在工作中，一定要给7号提出结果上的要求，因为结果决定一切，就像下边的故事中所描述的，对结果的把握不同，几个员工的待遇也有了很大的不同。

小刘、小李、小王是大学同班同学，毕业后三人一同进入了一家贸易公司。一年后，他们的薪水却大不相同：小王的月薪是5000元，小李月薪3500元，小刘月薪1500元。

有一天，他们的大学系主任来到这家公司洽谈项目合作事宜，得知他们薪水的差距之后，就去问总经理："在学校，他们的成绩都差不多呀，为什么毕业一年就会有这么大的差距？"

总经理听完系主任的话，笑着对他说："在学校他们是学习书本知识，但在公司里，要的是执行的结果。公司与学校的要求不同，员工表现也与学校的考试成绩不同，薪水作为衡量的标准，就自然不同呀！"

看到系主任疑惑不解地皱着眉头，总经理对他说："这样吧，我现在叫他们三人做相同的事情，你只要看他们的表现，就可以知道答案了。"

总经理把这三个人同时找来，然后对他们说："现在请你们去调查一下停泊在港口边的船。船上毛皮的数量、价格和品质，你们都要详细地记录下来，并尽快给我答复。"

一小时后，他们三人都回来了。

小刘先作了汇报："那个港口有一个我的旧识，我给他打了电话，他愿意帮我们的忙，明天给我消息。我和他关系很好，今天晚上我再催一催他，您放心，明天一定给您消息。"

接着，小李把船上的毛皮数量、品质等详细情况给了总经理。

轮到小王的时候，他首先同样报告了毛皮数量、品质等情况，并且将船上最有价值的货品详细记录了下来。然后说："我已向林助理了解到您的目的，是要在了解了货物的情况后与货主谈判。于是，我在回程中，又打电话向另外两家毛皮公司询问了相关货物的品质、价格等。据我了解，这些船上的毛皮质量与价格都是比较好的，但船主称他所有的毛皮均是一级品，我看过之后发现只有 2/3 是一级品，另外 1/3 是二级品，船主称价钱还可以再商量。我想这些信息在您明天谈判时都能用得上。"

此时，总经理会心一笑，系主任恍然大悟。

结果第一，行动的本质就在于抓住结果，实现预期结果。如果没有优异的结果，其他一切都是空谈。纵使 7 号员工有形形色色的创意，也只能是白搭，所以还是要懂得给 7 号提出工作结果的要求，这样他们的创新才具有实际的意义。

第四章　7 号打造高效团队

7 号制订最优方案的技巧

在制订方案时，7 号往往有着以下一些特点：

◇ 快速的方案制订者

7 号领导者思维非常活跃，他们的方案都制订得飞快，好像在无意识中已经制订好了这些方案。7 号具有迅速处理大量信息的能力，这些能力使得他们可以很快作出一些决定，也为他们方案的制订起到很大的提速作用。当然因为迅速，他们可能遗漏重要信息，或者不能够获得足够深入的信息。

◇ 注重民主的领导

7 号注重民主的领导，他们常常喜欢拉其他人一起进行方案制订的讨论，因为这样可能会有更多的选择。他们是平等主义或民主精神的代表，喜欢让每个人都加入这个交谈中并表达他的想法或观点，因而 7 号的下属常有很多表达自己意见的机会。

◇ 忽视组织的政治文化

7号制订方案常常忽视组织的政治文化，他们讨厌组织政治，对于各个部门可能也缺少足够的尊重，也不愿意过多思考，这妨碍了他们制订方案和采取行动的能力。但是正确的时间，以及正确的方式，对于一个组织是很重要的，他们的方案常常会因为忽视这一点而失去应有的实用性。

◇ 寻求最佳方案

7号在制订方案的过程中，他们常常在不断寻求各种不同的方案，这样的行为使得他们常常会拥有很多方案备选，此时他们应当注重本能，加强分析，找出自己的选择中哪一个将会带来最佳的结果，找出最明智的最佳方案。

◇ 坚定不移去执行决定方案

7号脑海中常常有很多的备选方案可以利用，但是他们却常常不能够做到坚定不移地执行，甚至在表达一个方案的时候，似乎只是在表达一个想法，并不一定就去执行这个方案。他们善于不断移动自己的目标，这对于他们方案的制订是不利的一种行为，常常使得他们最终没有一个真正的方案。

◇ 用愿景吸引他人

7号是永恒的幻想家，他们总是怀揣新主意和新可能，热心为客户提供独特的产品和服务，对未来有着较高的追求和愿景。他们显得活力四射，这些美好的愿景经常吸引那些希望冲破条条框框的有才华的人，他们不断问自己“为什么不”，而不是问自己“为什么”，他们是伟大愿景的实践者。

◇ 快速推进行动

7号领导充满活力，缺乏等待的耐心，一旦主意已定，他们常常会选择快速推进行动。他们生怕自己错失良机，也希望尽快尝试和试验自己的想法，他们常常是引领风气之先的领军人物。

◇ 平等主义的领导

7号常常是平等主义的领导，他们认为每个团队成员和其他人都是平等的，每个人都有相同的资格来发表自己的观点。他们非常重视每个成员都能贡献自己的想法，他们的平民化作风常常使得团队具有丰富的民主气息。

ENNEAGRAM

第九篇

8号领导型：王者之风，有容乃大

第一章 8号领导型面面观

8号性格的特征

8号性格是九型人格中的“统治者”，他们在生活中希望依靠自己的实力来主宰生命，并且喜欢控制身边的一切人和事物。他们处于优势时，常常毫不掩饰自己的王者风范，当处于劣势时，也常常在积蓄力量，等待时机去充分反击。他们霸气十足，有勇有谋，绝对掌控一切，他们的人生信条是：“一切听我的。”

他们的主要特征如下：

◎强调按自己独立思考与决策，以掌控一切的方式主宰自己的人生。

◎关注宏观战略，小事情或细枝末节喜欢让人代劳。

◎相信“强权就是公理”，专横霸道，喜欢掌控身边的一切。

◎富有正义感，喜欢为自己争取公道，也不惧为他人两肋插刀。

◎自己的行事准则：不允许别人指指点点，或表现出任何不尊重。

◎富有进攻性，可能随时会表现愤怒，但脾气来得快，去得也快。

◎没有耐心倾听反面意见，难以认识自身的缺点。

◎专向难度及规则挑战，是“明知山有虎，偏向虎山行”的典型。

◎轻视懦弱，尊重强者，喜欢在正面冲突中决不退缩的人。

◎喜欢过度而极端的行为，比如沉迷于美酒佳肴、无休止的夜生活、大运动量的运动，甚至没完没了地去工作。

◎表情威严，昂首阔步，目中无人，笑容爽朗。

◎说话直截了当，常用“我告诉你”，“听我的”，“为什么不能”。

8号性格的闪光点

追求控制的8号性格有很多优点，以下这些闪光点值得关注：

◇ 疾恶如仇，崇尚正义

8 号性格者看重公平正义，对于黑暗的恶势力深恶痛绝，也有大胆反抗的勇气。

◇ 不害怕冲突

8 号性格者在冲突中不会退缩，反而能站出来维持正义，不惧怕任何挑战。

◇ 直率坦诚

8 号性格者的言行毫无诈术，想要什么都会告诉你，喜欢打开天窗说亮话，这种直率和坦诚，常常让他们可以尽快找到最好的解决方式。

◇ 重情重义

8 号性格者有情有义，如果你是他们圈子的人，他们会尽一切力量保护你，但前提是你必须忠实和可靠。

◇ 有开拓精神的创业家

8 号性格者喜欢自己当家做主，实现自己的支配欲，有创业欲望；他们常胸怀大志，用梦想吸引他人加入；他们不惧挫折，越战越勇，是具有开拓精神的创业家。

◇ 不知疲倦的工作狂

8 号性格者常常给自己设立一个长远目标，并且为之卖命工作，干劲十足，常常挑战自己身体的极限。

只有当 8 号性格者对真相获得的途径有了更有智慧的认识，不再坚持斗争是唯一产生真相的途径，而且认识到自己对真相的了解是不全面的，只有和他人对真相的了解加在一起，才是真正的真相，此时他们才能真正对真相有了真正的控制。

8 号发出的 4 种信号

8 号性格者常常以自己独有的特点向周围世界辐射自己的信号，通过这些信号我们可以更好地去了解 8 号性格者的特点，这些信号有以下四种：

◇ 积极的信号

8 号性格者不断向周围世界释放着一些积极的信号。

他们如果对你产生信任，就会把你视为他们生命的一部分，会为你提供保护，如果你够强大，他们也期待着你的保护。

他们可以给你的生活带来兴奋和活力，他们生机勃勃，富有朝气，乐于和人交往，并且让你感受到他们的热情、坦诚和幽默风趣。

他们勇敢果断，善于授权，给他人成长和提高的空间和机会，他们是先开枪后瞄准的积极行动派。

◇ 消极的信号

8 号性格者也不可避免地向周围世界释放一些消极的信号。

他们不会承认自己有错误，如果别人指责自己，那么他们常常会狡辩，并且反驳对方的错误，和别人吵得不可开交。

他们特别强势，富有进攻性，总是要让自己控制一切。他们常常会主动过界，常常是冲突的首先制造者。

他们把发怒作为力量的展示，认为这样才有真实的掌控感。他们言语肆无忌惮，这样常常会伤害亲人和朋友。

◇ 混合的信号

8 号性格者发出的信号很多时候是混杂的，会让人难以捉摸。

他们发出的信号是充满矛盾的统一体，一方面是铁骨铮铮的硬汉形象，试图从生活的点点滴滴去控制你和命令你，另一方面，他们又是内心情感无比脆弱和细腻的形象，愿意好好照顾你、关心你、讨好你。这一切常常会让周围的人感到迷惑。

他们身边的人常常不知道：到底他是在乎我，还是讨厌我，到底他是在支持我，还是在反对我，到底他是爱我，还是恨我。事实上，他们这两面都存在，所以才会让人难以弄明白他们的想法。

他们讨厌别人利用他们的温柔，当发现一些相关的蛛丝马迹，他们就会勃然大怒，并且给你展开沉重的攻击，拒绝再给你同样的温柔。

◇ 内在的信号

8 号性格者自身内部也会发出一些信号。

他们难以发现自己的指责实际上代表了内心的脆弱和担心。指责和控制似乎代表强大和控制，但实际上在它的下边是深深的恐惧，他们担心自己无法控制局势。因为这种恐惧，他们总是要主动出击，要先把局势稳定下来。即使感觉自己似乎过分的时候，他们的思想还在告诉他们：“千万别示弱，示弱的话情况可能会更糟糕，一定要坚持住。”

他们常常提前假设最坏的情况，不愿意看到这些事情发生，他们如果对自己的假设进行一定程度的修正，也许可以发现某些情况并没有发生，而自己也可以少给别人造成负面的影响，自己也能真正提升自我。

8号在安全和压力下的反应

为了顺应成长环境、社会文化等因素，8号性格者在安全状态或压力状态的情况下，有可能出现一些可以预测的不同表现：

◇ 安全状态

在安全的状态下，他们常常会向2号给予型靠近。

8号并非转变为2号，而是安全状态让他们不去担心失控，他们的内心如果感到安定，感到身边的人是安全的，他们会慢慢软化，会变得不那么强势，并且乐意提供帮助。别人如果对他表示关怀，他也会被深深打动。

他们也可能随时退回攻击的老路子上，但他们只是想证明一下，并且时刻提醒对方，他们才是真正的统治者。

此时的8号希望与别人相联系，寻求融洽的人际关系，但也可能出现一种情况，就是8号在转变为2号的过程中，会有可能通过无微不至的付出，来达到控制和操纵对方的目的。

◇ 压力状态

处于压力状态下，8号常常会呈现5号观察型的一些特征。

他们会开始退缩，陷入独居状态，不喜欢别人打扰他，或者陷入对事物深沉的思考，他们不是那么外向，也不会显得狂妄，变得很安静，只有当情况可以在其控制之下的时候，他才会重现自己活力四射的一面。他们可以无休止地去阅读，也可以不间断地去玩游戏，显得情绪低沉，也不愿意别人和他沟通。

8号通过闭关认识自我，思考成熟之后，他们常常开始对周围世界施加压力，此时的他们也常常非常具有行动力，是强执行力的行动者。

第二章　与8号有效地交流

观察8号的谈话方式

8号喜欢控制，他们期待周围的人和事物都在自己的控制之中，他们的这种心理特点使得他们的谈话显得强势和有力量，会让周围的人感觉到力量和召唤力，但是另一方面，也可能使得他人感觉到压迫和被控制的愤怒。

下面，对他们的谈话方式进行简单的说明：

◎他们通常是支配者，没有耐心倾听别人的观点。他们认为自己的观点是不容置疑的，应该以实现自己的想法为首要任务，否则一切就将会失去控制。他们试图避免倾听他人，害怕自己可能丧失坚持自我的勇气。

◎喜欢直截了当的沟通，讨厌说话拐弯抹角和兜圈子。他们是极其坦诚和真实的人，你所看到的就是他们真实的样子，他们的特点是如此鲜明，使得他们显得别具魅力，而且因为这种简单，他们往往显得更加有力量。

◎言语激进偏执，具有攻击性和煽动性。他们常常表现出强势的召唤，面对他们的召唤，一些人会感觉深受鼓舞，但是他们的言语常常也会让一些人受伤，他们在挑战，是如此的具有侵略性。

◎常常在帮别人出主意，想办法，进行热心的指导。他们总是有很多好的办法，是善于发现问题和解决问题的人。他们就凭借这一点，给别人很好的建议，这样他们也会有很大的成就感。

读懂8号的身体语言

当人们和8号性格者交往时，只要细心观察，就会发现8号性格者具有以下一些身体信号：

◎无论是站立还是坐卧，他们都会不自觉地向后微倾，给人传递一种高高在上、等待对方主动示好的架势，当然有时候也有让对方尽管“放马过来”的感觉。这种架势不动之中自有威严，他们就像威猛的老虎一样，时时刻刻都透露出独特的魅力。

◎他们如果在走路，常常是抬头挺胸，显得器宇轩昂，气度不凡，目中无人。他们的双臂摇摆很大，随时在向周围发出一种权威的信号：“我无所畏惧，这是我的地盘，一切都要听我的。”他们散发出来的气质是富有能量的，他们总是生气勃勃，似乎总是可能要跳起来。

◎他们的身体动作可以随情绪而有较大的变化，情绪稳定的时候他们就只是安安稳稳地坐在那里，是一个耐心的观察者，但是他们常常也是表现出自己的威严，比如双手抱在胸前，表明一切都在自己的控制之中。情绪高涨的时候他们会手舞足蹈，采用各种夸张动作，似乎在教导别人怎么做，来表现自己的控制力。

◎他们常常目光中透露着霸气，看人专注，习惯直视对方眼睛，给人一种他们随时都可能被惹火的感觉。他们的眼光富有侵略性，让人不寒而栗，他们的内心想法不自觉地就会从眼神透露出来，让人不敢轻易去招惹他们。

◎他们面部表情显得自信，但是也不会看起来特别的严肃，不过即便是微笑，明朗笑容的背后，也能透露出一股威严和霸气的气势，让人对他们不敢忽视。他们的表情是威严和慈祥的统一体，问题是他面对的是自己的保护者，还是自己要面对的敌人。

◎他们相当注重自我形象，在着装上注重服装搭配，服装款式和风格种类颇为丰富。他们的衣服看起来相当有身份感，他们看起来也很有威严。他们会为自己花钱配置一些高档的衣服，是在个人身上最舍得投资的一些人。

通过身体语言，我们可以作为参考，去辨别一个人是不是8号，去判断他们的心理状态，也可以作为和他们交流的一个重要参考。

可以不喜欢，不能不尊重

8号非常注重个人的尊严，他们尽管非常强势，但是并不一定要求你去喜欢他。他们注重的是尊严，不是欢喜，所以，当你表示你并不喜欢他们的方式时，他们可能并不会生气，但是如果你对他们表示出轻视，或者没有应有的尊重，他们的怒火会马上升起，马上就会和你进入争斗和冲突的状态。

尊重是和8号友好相处所需要的一种状态，他们感觉到受尊重的时候，也会对你表示出自己的善意，否则你们之间只会爆发摩擦和冲突。而学习尊重，秦汉时代的一代名相张良就是一个很好的榜样。

有一天，年轻的张良悠闲地在桥上散步。有位老人穿着粗布短衣，走到张良跟前，故意把穿在脚上的草鞋丢到桥下，并且看着张良说："小子，去把鞋给我捡回来！"

张良愣了一下，但看老人年纪大，就到桥下取回鞋子，递给他。老人坐在桥头，眼皮也不抬一下，说："给我穿上。"于是，张良跪在地上，老人心安理得地伸出脚让张良为他穿鞋，然后老人就笑着离开了。

张良非常吃惊地望着老人的背影。谁知，那个老人走了几步又转过身来，对着张良招招手，示意张良到他跟前去。张良乖乖地走上前去，老人和蔼地对他说："我看你这孩子不错，值得教导。五天后天一亮，和我在这里见面。"张良行了个礼说："是。"

五天后，天刚刚亮，张良就来到桥上。那个老人已经坐在桥上等着张良了，老人很生气地说："现在天已经亮了，年轻人这么不守信用，和长辈约会还迟到，一点起码的礼貌都不懂，长大后还能有什么作为？五天以后，鸡叫时来见我。"说完老人就走了。

过了五天，鸡刚叫，张良就去了，老人又已经先到那里了。老人十分生气地说："我已经听见三声鸡叫了，你怎么才来？我在这里已经等你好长时间了。五天以后你再早一点儿来见我吧。"

又过了五天，张良半夜就到桥上等着那个老人。一会儿，老人也来了，看到张良，他高兴地说："年轻人要成大事，就要遵守诺言，说什么时候到就什么时候到。"接着老人从怀里掏出一本又薄又破的书，说："读了这本书，就可以成为皇帝的老师。这话会在十年后应验。十年后天下大乱，你可用此书兴邦立国。十三年后，你会在济北见到我。"说完之后，老头儿就离开了，以后再也没有出现过。

天亮时，张良看老人送的那本书，原来是《太公兵法》，又叫《黄石兵书》。张良非常珍惜这本书，认真学习，还时刻遵守老者的教诲，严格要求自己，立志要做一个信守诺言、懂得尊重别人的人。

尊重8号，你才能得到8号的尊重，当你以不友好、不信任的态度对待他们，即便你们没有爆发冲突，你们的关系也会慢慢疏远的。其实8号也有一颗知恩图报的心，只要我们用心付出了，就一定会有收获的。

第三章　透视8号上司与下属

8号上司不允许方向性的偏差

8号老板是战略大师，他们常常能够把握大的方向，把细节交给自己的属下去处理。他们特别看中战略管理的重要性，他们认为，战略决定一切。所以，当他们发现自己的员工在方向上和自己的理念不一致的时候，他就会真正生气。他们不允许这样的偏差，他们要让一切朝着自己规定的方向前行。

他们安排好的方向，如果员工私自改变，那么在8号看来，这是最不能容忍的错误，他们一定会尽力把一切纠正到正确的方向上来。他们对战略的重要性是如此清楚，战略胜，则一切顺理成章；战略败，则一切回天乏术。下边类似"康师傅"这样的故事常常回响在他们的心中。

"康师傅"的老板并不姓康，而是姓魏，来自中国台湾的魏氏四兄弟。他们1988年到大陆创业时，开发过食用油生意，也推出过"康莱蛋酥卷"。他们的广告打得很好，如电视剧《星星知我心》的女主角吴敬娴那句"用顶好清香油，顶有面子"的广告词在电视台播出之后马上深入人心。但是，以当时老百姓的消费水平，根本还没达到"要面子"的程度。后来，他们先后推出的"康莱蛋酥卷"和另外一种蓖麻油产品都因为犯了方向性的错误，看错了市场而使产品滞销。到1991年，魏氏兄弟带来的1.5亿元新台币血本无归。

直到有一次魏应行出差时，由于不习惯火车上的饮食所以自带了两箱方便面，没想到这些在岛内非常普通的方便面引起了同车旅客的极大兴趣，经常有人围观甚至询问何处可以买到。魏应行敏锐地捕捉到了这个市场的巨大需求，一开始就把握了主流方向。

当时大陆生产的方便面很便宜，几毛钱一袋，但是质量很差。国外进口的方便面质量好，但是五六块钱一碗，相对于当时大多数人的消费水平来说太贵了。魏氏兄弟决定生产一种物美价廉的方便面，根据内地消费者的消费能力，把售价定在1.98元人民币。之后为这种方便面取了一个响亮的名字——“康师傅”。为了让方便面真正方便，根据消费者反映“向店员开口要筷子很不方便”的情况，他们通过研究改进，在面碗里独创性地放了一根叉子，更加方便周到。此举迅速成为一种潮流。

魏氏兄弟吸取了以前方向错误的教训，很注重消费者的实际需求。经过上万次的口味测试和调查，他们发现，大陆人口味偏重，而且比较偏爱吃牛肉，于是把“红烧牛肉面”作为主打产品。1991年，适逢天津科技开发区招标，“康师傅”便在区内注册了顶益食品公司。与此同时，其广告宣传也全面铺开。广告画面漂亮的“康师傅”一推出，立即打响，并掀起一阵抢购狂潮。公司门口甚至一度出现批发商排长队、一麻袋一麻袋订货的壮观场面。

跟着8号上司，要跟随他的战略去走，要懂得理解他的战略，要学会适应他的战略，要在实践当中帮他验证战略，这样你就是他最忠实的员工，他们也会深深依赖你。偏离他的战略，必然会引起他的最大不满，就使得你们很难保持良好和理性的合作关系。

不要大事小事都向8号汇报

8号喜欢抓战略方向，但是他们不喜欢关注太多的细节工作。他们的性格和脾气比较急，一旦陷入太多的细节工作，常常会产生厌烦情绪，也很容易发火。作为这样的上司的部下，一定要了解他们的这一特点，和他们汇报工作的时候，抓住主要的工作去汇报，而且自己去做事情的时候，要更多地在大方向下边，发挥个人的主观能动性，不要什么事情都向他们汇报，这样他们会更加感觉到你的工作能力，也会对你更加栽培。

在8号手下做事情，可以学习一下下边故事里的赵蕊女士，她并没有大事小事都向领导汇报，发挥自己的主动精神，取得了成果，也使得老板对她更加认可了。

赵蕊是一名设计师，供职的是一家大型建筑设计公司。该公司要求设计既要考虑到顾客的要求，也要考虑到施工方的能力，还要考虑到设计者的个性。在工作中，赵蕊的老总要求每一位设计人员对自己的作品负责，不要把问题推给任何人。

有一次，老板要赵蕊为一名客户做一个写字楼的可行性设计方案，时间只有三天，客户的要求很挑剔，但老板只说了一句“所有的事都交给你了”就转身离开了。

接到任务后，赵蕊看完现场，就开始工作了。三天时间里，她都在一种异常兴奋的状态下度过。她跑工场、看现场，光楼梯就爬了25层，去地下车库也是二话不说。为老板的要求修改工程细节，异常辛苦，但赵蕊毫无怨言。能得到老板的信任，可以自由地实现自己的设计理念，这使赵蕊不但不感到委屈，反而挺自豪。她食不甘味，寝不安枕，满脑子都想着如何把这个方案弄好。她到处查资料，虚心向别人请教。

三天后，她带着布满血丝的眼睛把设计方案交给了客户，得到了客户的肯定。客户当着老板的面称赞了赵蕊，说她表现很卓越，设计水平一流。

赵蕊后来对老板说：“关键是你的信任和授权让我们都有做事的冲动，你的管理很到位。”老板也对赵蕊说：“如果你不能完成，我也许就要把你辞掉，但是你做到了。”

工作中遇到林林总总的问题时，不要幻想逃避，不要依赖他人的意见，要敢于作出自己的判断。对于自己能够判断，而又是本职范围内的事情，大胆地去拿主意，不必全部禀明你的8号老板。否则，只会显得你工作无能，也显得8号老板领导无方。

不要过多干涉他的工作

8号员工常常很有主见，在工作的过程中，他们常常主动积极，希望自己能够完全掌控自己的工作。根据他们的这一特点，在他们的工作过程中，应该注意的一点就是，给他们充分的自由，让他们可以在自己的小王国里随自己的心意去做，这样他们反而可以获得更高的成就。

“李云龙”是电视剧《亮剑》中的主角之一，他就是一个典型的8号：在渴望嗜血的拼杀中，在为战友之死的复仇中，他都表现出一种铁血军人不计生死、压倒一切的霸气。他是一个不好管理的角色，他大大咧咧而又粗口不断，他是一个典型的8号部下。

他崇尚敢于亮剑的勇敢精神，他对战士说过这样的话："古代剑客和高手狭路相逢，假定这个对手是天下第一剑客，你明知不敌该怎么办？是转身逃走还是求饶？当然不能退缩，要不你凭什么当剑客？这就对了，明知是个死，也要宝剑出鞘，这叫亮剑，没这个勇气你就别当剑客。倒在对手剑下算不上丢脸，那叫虽败犹荣，要是不敢亮剑你以后就别在江湖上混啦。咱独立团不当孬种，鬼子来一个小队咱亮剑，来一个大队也照样亮剑！"

他常常寻求足够的自由空间，不希望自己被束缚。他对政委说过这样的话："要我自己搞武器，行啊，你不能限制我的自由啊，总要点自主权吧。又要我当乖孩子，又要我自己想办法搞武器，又限制我的自主权，这叫不讲道理！"

他个人问题成堆，他多次抗命，两次降级，三次复出。他为了自己的战略，甚至把整个晋西北都打得乱成了一锅粥，但却也因此成就了巨大的战功，在和政委赵刚总结时，他们作出了下面的结论。

赵刚："老李啊，前两天政治部同志来看我，也和我谈起了这次战斗的起因和经过。我想了很久。我在想，如果当时我在，我会不会阻止你的行动？"

李云龙："你肯定会。当时那种情况你要是不制止，你就不是赵刚了。"

赵刚："你这话说到点子上了。凭我的性格，我肯定会制止你。可是话又说回来，如果我制止了你，那也没有后来的大胜仗了。这里面有些值得思考的东西，你知道，我的性格是，谨慎有余，魄力不足。这种性格是有缺陷的。虽说不会惹出大祸，却也不能成事。"

李云龙："要是把咱俩的性格均匀一下，那就能干大事。"

赵刚："可惜这是不可能的，性格的东西很怪，你可以有意识地调整它，却无法根本去改变它，我在反思自己，我常常提出这样的设想，如果我是独立团的团长，很可能把独立团带成一个遵守纪律的模范团，这样的团队，绝不会干出圈的事，会坚决地执行上级的命令。这都没问题。可遗憾的是，这样的团队，未必是一支强悍的部队、一支嗷嗷叫的部队、一支拖不垮打不烂的部队。"

李云龙："那倒是，乖孩子往往没出息，淘气的孩子也许能干大事。"

8号特别需要自由的工作空间，正如案例里的李云龙一样。他们是淘气的孩子，他们要干大事，但是首先一定给他们足够的自自主权。让他们放开手脚，他们的成就可以更大。

为8号员工设定清晰的限制

8号员工总是表现得像领导者一样，而把真正的领导者撂在一边。他们喜欢掌控他们的地盘，而且他们天性总是试图对外扩张领土，他们的控制欲让他们可能去反对权威，会给他的领导带来潜在的麻烦。

为了防止你的8号下属一点一滴侵犯你的领土，面对他们你可以透露出自己强悍的一面，甚至可以进入他的领地不断试探。你要为他设立清晰的限制，这样可以让你对他产生一定的威慑力。而8号是那种在面对界限和惩罚时，反而能表现更好的人。

这样，你的8号员工就变成了带上金箍的“孙悟空”，他一方面可以帮助你降妖除魔，完成“西天取经”大业；另一方面，又可以不给你惹麻烦、添乱子。

第四章　8号打造高效团队

8号制订最优方案的技巧

在制订方案时，8号往往有着以下一些特点：

◇ 独断专行

8号常常只相信自己的观点，而不去相信他人的观点，习惯于单方面地制订方案，他们很难质疑自己的假设，难以采取一个多样化的视角。他们常常为自己观察到的事物而兴奋，但是却可能忽略一些什么东西。

◇ 关注宏观，忽视细节

8号喜欢关注宏观，对于细节常常关注不够，他们的方案常常是关注大局，却忽视制订执行运行层面的计划，需要加以注意，或者找一个助手帮助关注细节。

◇ 过于强势

8号常常强势推行自己的方案，他们显得太霸道。他们很难同别人产生共鸣，不愿意去了解别人的内心，觉得按照自己的想法去行动是最快最好的办法，很难理解自己的方案会对他人造成怎样的影响。另外他们的态度常常是生硬的，他们时时都在命令，总是要向别人表现勇敢无畏和坚定自信的自己。他们的刚强常常让别人有被逼迫的感觉，引起别人的不满和愤恨，他们如果态度缓和一些，甚至暴露出自己的一些脆弱，其实更加容易取得别人的认可。

◇ 快速而冲动

8 号常常喜欢快速制订方案，特别急促拿出自己的行动方案，常常会忽略很多具体的细节和隐患。他们的这一特点使得他们常常具有很高的行动力，但是另一方面，过于冲动却可能造成无法弥补的损失。他们在自己的反应很快速和激烈的时候，如果能够慢下来一下，反思一下自己的方案，常常使得他们少犯很多不必要的错误。

◇ 坚定不移却可能思维僵化

8 号制订行动方案，常常会坚定不移地坚持自己的看法，从一方面来说，这是领导者立场坚定，能够把握方向，能够承担艰巨的领导任务。但是另一方面，8 号却有可能会思维僵化，完全不能容下不同意见。尤其是他们感觉到敌意的时候，就很难再具有建设性，他们会变得好斗，针对不同意见进行攻击。即使他们错了，他们也很难去承认，或者改变自己的原有思路，他们此时是思维僵化的人，不同的意见对于他们只会是挑战。

总之，8 号在制订具体方案的时候，如果能够发挥更多的同理心，更多具有宽广的心胸、实事求是的追求真理的态度，那么他们制订的方案可以更加出色。

8 号目标激励的能力

一般来说，8 号目标激励的能力主要有以下特征：

◇ 目标激励的高手

8 号喜欢让事情按自己的意愿发展，希望所有的事情都在自己的掌控之中，所以事情开展的过程中，他们常常承担挑大梁的角色。在管理的时候，他们很少犹豫不决，总是促使自己的下属在预定轨道上飞快前行，他们是目标激励的高手。

◇ 敏锐的战略嗅觉

8 号常常拥有本能的直觉，他们在目标激励的时候，常常可以及时识别出战略方向的偏差。他们对大方向把握的正确性，常常使得他们具有领袖魅力，为众人所追随。

◇ 勇敢无畏，刚毅自信

8 号敢于作决定，而且大胆，他们总是能表现出自己独特的领导魅力。他们的立场显得坚定，神情显得自信，有他们在身边，下属常常不自觉当中产生安全感，有了主心骨，他们本身对于下属就是不小的激励。

◇ 对下属会有偏向

8 号常常给有能力和自己信赖的下属很多的自主权，但是对于他们认为态度有问题或者能力有差距的人，不能给予同样的待遇。他们可能轻视这些人，或者可能忽视这些人，这些可能会导致下属的内心产生不满情绪。

◇ 需要更多学习关注人的因素

8 号领导引领工作时，常常显得心浮气躁，不能和他人做到和睦相处，他们很难耐住性子，尤其是和那些他们看不上的人们相处时，可能嫌弃其他人太笨，也可能认为其他人没有能力，甚至会认为他们不负责任，他们很难接纳其他人，和人们交往他们总显得自己时间不够用，不愿意在别人身上浪费时间。这样的态度常常会让其他人感觉心里不满，如果他们能以更温暖的方式回应别人，那么会得到更多的支持。

◇ 需要学会工作的时候制造乐趣

8 号常常抱着严肃认真的态度参加工作，他们总是全力以赴地参与其中，并且要求自己的下属保持和自己一样的节奏，他们的苛求和严肃常常让自己的下属感觉到压力。下属和他们在一起，常常是被动按照他们的指示去行事，害怕引起他们的愤怒。其实，如果他们自己能够放松一些，那么员工也可以更加放松，相比一直紧绷的心弦，这样的工作效率可能反而更高。

◇ 向团队成员征询意见

8 号不大喜欢和团队成员讨论，也不大能够去征求团队成员的想法，这样的话，团队成员常常缺乏参与感，而让团队成员参与到团队建设的讨论中来，往往可以激励他们的积极主动性。8 号完全可以寻求团队的帮助，让他们对团队结构和流程表达自己的看法，对已有的组织方式提出改进的意见。这些都可以让 8 号的团队建设更加符合企业内部的实际。

◇ 把握好掌控细节的节奏

8 号喜欢掌控，尤其是掌控大的方向，对于细节并不是特别关注，这样就需要自己在工作进展比较顺利的时候，更加积极主动地参与掌控，尤其是一些细节，使其和战略一致。但是 8 号的掌控有时却又过度，他们如果在事情不顺利时掌控过多的细节，则有可能导致大方向的受损害。他们对细节的掌控，需要把握好节奏。

◇ 合理利用个人权威

8 号常常富有权威，因而他们常常可以坚持自己的看法并且开展自己的想法。在团队的建设中，他们可能个人的意愿太多，忽视了其他团队成员的看法。他们可能意识不到自己是在依赖个人的智慧而不是依赖团队的智慧。

ENNEAGRAM

第十篇

9号调停型：以和为贵，天下太平

第一章　9号调停型面面观

9号性格的特征

9号性格是九型人格中的和平主义者，他们的心中最大的渴求是和谐，他们为了追求周围的和谐，不惜牺牲自己的意志，成为一个跟随者和没有主见的人。他们对于和谐的希望非常强烈，他们害怕冲突，他们认为自己的意见微不足道，只要一切能够恢复平静，他们不懂拒绝，也很少坚持，他们的人生信条是："为了和平，我愿意把自己忘记。"

他们的主要特征如下：

◎善于倾听，很好的调解员，能站在两边为对立的双方说话。

◎关注他人的立场，富有同理心，但难以坚持自己的立场。

◎难以拒绝别人，但对于答应的事，可能依靠拖延来表达不同意。

◎善于欣赏事情好的方面，也能迅速发现他人的优点。

◎认同周围的世界，不挑剔，所以适应能力比较强。

◎常常关注细枝末节的小事，重要的事情常常放到最后才做。

◎保持自己的慢节奏，不愿改变，认为所有的事情都会随时间自然解决。

◎偏爱隐藏自己，不喜欢出风头和争名夺利。

◎性情随和，很少发脾气，但被轻视或被强迫时也会发火。

◎衣着朴实，动作表情平和，女性亲切，男性憨厚，目光真诚。

◎讲话慢慢腾腾，重点不突出，喜欢说"随便、随缘、不用太认真、你说呢、你定吧"等话语。

9号性格的闪光点

追求和谐与和平的9号，其性格当中有不少优点值得关注，它们是9号引人注目的闪光点：

◇ 善于调解冲突

他们常常能理解冲突的任何一方，他们不利己，而且态度平和，常为矛盾双方认同，可以称得上是天生的调停专家。

◇ 毫不利己，专门利人

9 号做事情常常没有利己的目的，他们常常把别人的需要放在首位，希望别人能得到应得的一切，他们认为只有这样才能带来真正的和平。

◇ 闲适的人生态度

他们可以保持自己闲适的节奏，宠辱不惊，经得起生活中的升降沉浮，不喜欢出风头和争名夺利。

◇ 思想富有创意

9 号的内心是开放的，因而他们接受的信息也具有包容性，丰富的信息也让他们具有较丰富的创意源头，可以想出一些好方法和好点子。

◇ 善于捕捉闪光点

9 号善于欣赏事情好的方面，也能迅速发现他人的优点，是捕捉闪光点的一把好手。

◇ 适应能力强

9 号认同周围的世界，可以接受现实生活中的优缺点，不挑剔，所以适应能力比较强。

9 号发出的 4 种信号

9 号性格者常常以自己独有的特点向周围世界辐射自己的信号，通过这些信号我们可以更好地去了解 9 号性格者的特点，这些信号有以下四种：

◇ 积极的信号

9 号性格者不断向周围世界释放着一些积极的信号。

9 号是乐于付出的一个群体，他们的付出并不求得自己的回报，他们的内心细腻，他们爱人甚至超过爱自己。他们有敏感的嗅觉，常常清楚别人的需要。他们对别人充满关切，不断给予、不断付出，不断做出自我的牺牲，他们还能接受最坏的结果。他们心态常常是平和的，他们本身就是和平的化身。

◇ 消极的信号

9 号性格者也不可避免地向周围世界释放一些消极的信号。

9 号虽然常常没有自己坚定的立场，但是不代表他们没有自己的看法，尽管他们在不断妥协，但是表面的妥协背后常常是一颗倔强的内心。他们显得阳奉阴违，似乎是说话不算话的人。他们似乎对你的意见很赞同，表示要为你的事情做出最大努力，也似乎在做这样的表演，但是他们显得很无力、很迟缓，他们的行为是一种消极的抵抗，用同意来表示不同意。

9 号还习惯于常规的习惯，他们不希望改变，他们的内心懒于应付各种各样的变化，这样的行为常常会让他们的生命显得呆板和没有活力，而且也会让和他们一起生活的人感觉到无趣。

他们有时候会用一些虚假的东西来取代自己的愿望，他们可以忘记周围的一切，这些行为常常给周围的人带去麻烦和伤害。

◇ 混合的信号

9 号性格者发出的信号很多时候是混杂的，会让人难以捉摸。

9 号害怕冲突，所以他们常常接受别人的请求，这种信号是模糊的，常常让其他人误会，以为他们会真正地去帮你做某些事情，但是实际上，他们却很可能只是在敷衍。他们并不想去做这些事，但是也不愿意去拒绝，他们不希望通过拒绝损伤了所谓的和谐。

9 号常常会在不自觉中忘记自己的内在需求，常常会靠迎合他人来行事。他们和别人的关系表面上很平静，也很和谐，似乎一切都很正常，但是在平静的水面之下，有太多底层的暗流涌动，内心深处因为自我愿望不能得到满足，而产生大量愤怒能量，这种愤怒的能量日积月累，常常会使得 9 号采取消极抵抗的方式。

9 号表面上显得很大度，他的愿望是微不足道的，一切都没有什么，但是他们依然会为自己的深层想法不能实现而愤怒，他们必须得学会认识自己的需要，并且合理地实现自己的需要。

◇ 内在的信号

9 号性格者自身内部也会发出一些信号。

9 号内心的诉求被压抑，他们在现实面前，常常逼迫自己试着融入他人，选择妥协，害怕因为自己的坚持引发矛盾，但是，他们也为不能实现自己的想法而愤怒。

他们常常会在答应别人之后，中途意识到自己的真实意思，但是已经陷入承诺的牢笼，他们很难说出拒绝，但有时候也会鼓足勇气，讲出自己的真实意愿，这时候他们的内心会无比轻松。

他们有时候也会用拖延和消极合作来表明态度，他们内心的愤怒无法释放，又害怕表明立场损伤和谐，只有选择让时间来解决问题。他们的拖延常常会让他人感觉愤怒，他人最终放弃之时，他们的目标也就达到了。

9 号在安全和压力下的反应

为了顺应成长环境、社会文化等因素，9 号性格者在安全状态或压力状态的情况下，有可能出现一些可以预测的不同表现：

◇ 安全状态

在安全的状态下，他们常常会向 3 号实干型靠近。

他们此时此刻会开始拥有自己的目标，希望得到周围人的认同。他们会具有较高的效率，有为达目标死不罢休的精神，他们肯定自我的价值，认为自己可以改变，也有能力改变周围的世界。

他们的精力开始专一，思想变得专注，他们可以做出很多不可思议的事，他们和 3 号的价值观也开始靠近，关注做哪些事情可以让别人高兴，可以让别人认可，他们的态度开始积极起来。他们是真正意义上的支持他人，不再局限于维持和平和和谐，他们是真正的支持和帮助，他们渴求得到别人的认可。

◇ 压力状态

处于压力状态下，9 号常常会呈现 6 号怀疑型的一些特征。

他们能够感觉到深深的恐惧，感觉周围充满了威胁，他们不断怀疑别人的企图，感觉行动很困难，很难作出决定。他们开始不断退缩，甚至会完全没有原则地顺从，但另一方面，当感觉到退缩的危险时，他们却可能会无比顽固和容易发怒，挑剔和去挑战他人，而且当他们开始怀疑他人之时，也会采取更多的拖延，或者选择拒绝做其他任何事。

他们可能会什么也不去做，只是静静地等待，他们内心消极，情绪低落。他们的表现似乎平静，但他们的内心却已经麻木和冻结，他们毫不动弹，他们害怕自己的任何行动可能导致什么后果，让自己不可收拾。

压力状态常常能够促使 9 号更多认识自我，能逐步发现自己的需求，或者发现自己的能量，这一点也是拜压力所赐。他们的愤怒和恐惧让他们明白，自己是值得考虑的一个因素，自己可以达到独立的状态。

第二章　与9号有效地交流

观察9号的谈话方式

9号具有追求和平的本质，他们的谈话方式也以这一世界观为指导，会采取一些相对应的谈话方式。他们的谈话策略适合他的世界观，他们认为，只有自己退缩，才能换来和平，所以他们的谈话方式也具有克己礼人的风格。

下面，对他们的谈话方式进行简单的说明：

◎他们谈话方式不具有进攻性，甚至有一点退缩的感觉。

◎他们的眼光很柔和，看不到锐利的光芒，眼睛是心灵的窗户，他们要表示自己的友好态度。

◎他们经常会不断肯定对方的观点，你和他说话的时候，他们会"嗯，嗯，嗯"地不断附和你，表示自己的赞同。他们也会对你说的话不断给出正面评价，"你说的话太对了"，"是这样的"，或者不断重复你的观点，像一个跟屁虫一样的感觉。

◎他们谈话时节奏慢腾腾的，语气常常不坚定，常常在询问，他们很少下肯定的判断，认为自己不能把事情说死，不能把自己的意见固定化，自己的意见应该是可以不断变化的，这样的话，自己就不会威胁他人，而且也表示，自己愿意随时调整，愿意跟对方进行合作，希望让对方满意。

总之，他们的谈话方式总体而言，就像一团棉花，放到你的身边，让你觉得软绵绵的，感觉不到压力，而如果你打过去，也感觉软绵绵的，似乎也找不到着力点，他们不会让你找到棱角，因为他们常常自己已经把棱角磨去了。

读懂9号的身体语言

当人们和9号性格者交往时，只要细心观察，就会发现9号性格者具有以下一些身体信号：

◎9号常常保持面容的和善，一副菩萨面相，不过男9号常常显得木然，女9号常常笑得较甜，但他们常常似乎只有淡淡的微笑。

◎他们保持平和的面容，很少大喜，也很少大怒，他们害怕自己的快乐引起他人的不安，也害怕自己的大怒引起他人的骚动。碰到很热烈的事情，他们看起来也相当平静，即使是很生气，他们的面容也只是稍微阴沉，不会看起来凶神恶煞的样子。

◎他们的身体动作常常迟缓，不是生龙活虎的感觉，他们做什么事情总是慢腾腾的感觉，似乎时间对他们来说，做什么事情都是绰绰有余的，他们的身体动作，让人们感觉到他们的内心似乎是很平静，而且没有任何烦心的事情。他们认为自己如果表现得激动，会让他人不安，他们也不会选择静止，害怕别人说他们不作为，他们只是处于中间状态，情势急迫，他们可以很快行动，一旦没有压力，则尽快停止下来。

◎他们看起来懒洋洋的，如果能够慢走，绝对不会选择快跑，如果能够站着，他们绝对不会走，如果能坐，他们绝不会站，如果能躺，他们也不会坐，他们的身体是柔软无力的，经常是东倒西歪的。

◎他们常常喜欢穿宽松舒适的衣服，总是一副漫不经心的样子，他们不讲究穿什么，也不讲究品牌，他们穿衣服只要满足最基本的需要就行了，当然有时候，为了适合一些特殊的场合，他们也会改变装束，但是相比较而言依然很简单，并且随众。

他们这样的身体语言，反映出9号内心追求和平的愿望，通过他们的身体语言，我们可以感觉到他们内心的小心谨慎，他们试图用这样的姿态去赢取和平，他们的内心从外在就能够一览无遗了。

用建议而不是命令让他行动

9号有一个特点，他们表面顺从，但是内心刚硬，可以表面把事情答应得很好，但是具体去做的时候却并不尽心尽力。他们这样的特点来源于他们的妥协，他们为了和谐，习惯牺牲自己的想法和愿望，这样的结果是他们做事情的时候，内心充满不满。

这个时候，如果使用命令的方法，那么他们内心的不满情绪会上升，甚至会转变成愤怒。他们尽管习惯妥协，但是自尊往往非常敏感，这样他们常常会采取对抗的情绪，这样的方法因而并不可取，你不但难以让他行动，甚至会引起他们的对抗。

尽管他们表面似乎很容易妥协，但是他们可以说是吃软不吃硬的一些人，他们在命令面前似乎也会有妥协，但是却会采取很隐晦的方式，表现自己的愤怒。他们会用消极怠工的方式，让你的命令变成无效的命令，他们有行动，但是却无作为。

而如果采取建议的方法，则会让他们感觉到你对他们的认可，他们会感觉到内部产生动力，这个时候，他们会自发地愿意帮助你，他们的意愿和你的意愿会成为交集，这个时候，你们共同的意志则能让他愿意自动自发帮你做事。

第三章　透视9号上司与下属

配合他构建和谐的氛围

在9号看来，世界上的事物都是互相联系、互为因果的，我们谁也不可能孤立存在，更不可能独立干成一件事。人与人之间天生存在一种合作关系，个人利益是在普遍利益得到保障的前提下实现的。

曾经有一个戏剧爱好者，他不顾亲朋的反对，毅然选择一处并不热闹的地区，修建了一所超水准的剧院。

剧院开幕之后，非常受欢迎，并带动了周围的商机。附近的餐馆一家接一家地开设，百货商店和咖啡厅也纷纷跟进。没有几年，剧院所在的地区便成为商业繁荣地带。

“看看我们的邻居，一小块地，盖栋楼就能出租那么多的钱，而你用这么大的地，却只有一点剧院收入，岂不是吃大亏了吗？”那人的妻子对丈夫抱怨，“我们何不将剧院改建为商业大厦，也做餐饮百货，分租出去，单单租金就比剧场的收入多几倍！”

那人也十分羡慕别人的收益，便将自己的剧院结束，贷得巨款，改建商业大楼。不料楼还没有竣工，邻近的餐饮百货店便纷纷迁走，更可怕的是房价下跌，往日的繁华又不见了。而当他与邻居相遇时，人们非但不像以前那样对他热情奉承，反而是对他露出敌视的眼光。

在9号的眼中，人与人并不一定非要拼个你死我活才行，曲直高低也不一定非要分得清清楚楚，莫不如用一颗互相关怀、互相包容的心对待彼此，那么所有人都会从中受益。

上边两败俱伤的情景是9号最不愿意看到的，因而9号领导在工作中，常常喜欢和周围的人建立和谐的关系，希望自己的机构内外和谐。他们日常工作，很重要的一部分就是去营造这种融洽的气氛，他们不仅希望自己与他人和谐，也希望周围的人都能保持这种和谐。

你如果要得到他的认可，他的这一特点你一定要认识到，在平时与人的交往中，要讲究礼节，保持和蔼可亲的态度，不要过度表现自己的强势和硬朗，与人为善，帮助他营造这样的一个和谐环境。在部门内部如此，部门外部也是如此，如果你经常惹出一些麻烦，9号领导会很头疼，他们会感觉为难，而且这样的事情，在他看来都会分散他的精力，他会很反感，长久下去，对你的印象分就会下降。

帮助9号领导追求和谐，他会把你当作知己，你也会因为这一点赢得他深层次的信赖。

采取合作的态度

9号领导不喜欢冲突，他们总是尽力避免冲突，甚至可以牺牲自己的一些利益，来换取和平，但是一旦冲突真正发生了、真的不可避免了，他们往往也会采取敌对的态度，让你们的沟通无法正常进行下去。

9号对于不合作的态度特别敏感，因此和他们交往的时候，要懂得采取合作的态度。合作的态度是人际沟通的一项重要前提，卡耐基先生就曾讲过下边这样的一个故事，说明合作态度的重要性，在你和9号上级沟通的时候，相信你能够学习到一些技巧。

在离我家一分钟行程的地方，是片原始未开发的森林。春天的时候，黑草莓的小树丛会镶上一层白霜，小松鼠也开始筑巢养育下一代。这片还没遭到破坏的树林叫作“森林公园”——它是森林没错，只是可能已不是哥伦布发现美洲大陆的原来面貌了。我常带着小猎犬雷克斯到森林里散步，由于一向很少在森林公园内碰见其他的人，我也就不使用皮带或口罩，而让雷克斯自由奔跑。

一天，我们在公园内碰见一位骑警，那位警察显然很想表示一下自己的权威。“为什么让这只狗到处乱跑？为什么不用皮带或口罩？你知道这是犯法的吗？”他指责道。

“是的，我知道，”我温和地回答，“但我以为在这种荒无人烟的地方，不会有什么危险。”

“你以为？你以为！法律可一点也不在意你怎么以为。这只狗很可能会咬伤小孩或松鼠，知道吗？我这次不处罚你，但若是我再次见到它不戴口罩或系上皮带，你可就要直接去向法官解释理由了。”我再次温和地表示一定遵守规定。

我是想遵守法律规定——有那么几次。但雷克斯不喜欢口罩，我也不喜欢。所以，我们决定冒一下险。一日下午，我又带了雷克斯到公园里去，我们跑过一座小山丘的顶部，忽然——那真是尴尬的一刻——我又见到那位法律所赋予的权威，正骑着一匹红棕色的马，而雷克斯正笔直地朝他跑过去。

我被逮个正着，是无法逃脱的了。所以不等他开口，我便抢先发言：“警官先生，我是被你逮个正着，罪证俱在，没什么借口了。上星期你还警告我，假如不戴口罩、不系上皮带的话，不可让狗到这里来，否则便要接受处罚。”

“是啊，我是这么讲过，”骑警的语气相当温和，“我知道，像这么一只小狗，让它在荒无人烟的地方跑跑，确是很大的诱惑。”

“的确是很大的诱惑。”我回答，“只是，这违反了法律的规定。”

“啊，一只这么小的狗，应该不会伤到什么人。”骑警不表示同意。

“但它可能咬伤小松鼠。”我又说道。

“啊，别把事情看得太严重了，”警察告诉我，“我告诉你怎么办。把这只小狗带到我看不见的地方去——我们就不用再提这件事了。”

卡耐基第一次采取不是那么合作的态度，结果骑警给了他严厉的警告，而第二次他采取合作的态度，结果骑警却不断为其开脱责任。

人性当中确实存在这样的弱点，不喜欢别人对抗，对于9号的领导尤其如此，因为他们对和谐更在乎，对和谐也更敏感，因而和9号领导交往的过程中，更应该注意采取合作的态度，这样他们能感觉到你对和谐关系的诚意，否则，他们常常会从中感觉到你的轻蔑和冒犯，他们会拒绝和你沟通，或者和你发生一些冲突。

他们的理念常常是“求同存异”，因而，如果你也抱定这样一种信念，常常也能够赢得他们进一步的认可，合作的态度是你们之间正常交往的前提。

提供行动方案，你能成为好助手

9号领导常常要么只是考虑战略大方向，要么就是陷于细枝末节。他们工作中常常需要一位助手，帮助他们实现自己的大战略，提供具体的行动方案，这样能让他们的注意力从细枝末节中脱离出来，清楚一个个阶段性目标，从而具有更强的行动力。

历史上著名的谋略家诸葛亮，正是凭借能提供积极的行动方案，才获得刘备极大重视的：

刘备去拜访诸葛亮，总共去了三次，才得以见到。于是叫旁边的人避开，说：“汉王朝的统治崩溃，奸臣窃取了政权，皇上蒙受风尘。我没有衡量自己的德行能否服人，估计自己的力量能否胜人，便想要在天下伸张大义，但是自己的智谋浅短、办法很少，就因此失败，弄到今天这个局面。然而我的志向到现在还没有停止，您说该采取怎样的办法呢？”

诸葛亮回答说：“自从董卓篡权以来，各地豪杰纷纷起兵，占据几个州郡的数不胜数。曹操与袁绍相比，名声小，兵力少，但是曹操能够战胜袁绍，从弱小变为强大的原因，不但是时机好，而且也是人的谋划得当。现在曹操已拥有百万大军，挟制皇帝来号令诸侯，这的确不能与他较量。孙权占据江东，已经历了三代，地势险要，民众归附，有才能的人也被他重用，孙权这方面我们可以把他当作外援，但是却不可以谋取他。荆州的北面控制汉、沔二水，一直到南海的物资都能得到，东面连接吴郡和会稽郡，西边连通巴、蜀二郡，这是兵家必争的地方，但是他的主人刘表却不能守住，这地方大概是老天用来资助将军的，将军难道没有占领的意思吗？益州有险要的关塞，有广阔肥沃的土地，是自然条件优越、物产丰饶、形势险固的地方，汉高祖正是凭借这个地方才成就帝王业绩的。益州牧刘璋昏庸懦弱，张鲁在北面占据汉中，人民兴旺富裕、国家强盛，但他却不知道爱惜百姓，有智谋有才能的人都想得到贤明的君主。将军您是汉朝皇帝的后代，威信和义气闻名天下，广泛地罗致英雄，求贤若渴，如果占据了荆州、益州，可以凭借两州险要的地势，西面和各族和好，南面安抚各族，对外跟孙权结成联盟，对内改善国家政治。天下形势如果发生了变化，就派一名上将军率领荆州的军队向南阳、洛阳进军，将军您亲自率领益州的军队去攻打秦川，这样老百姓谁会不用竹篮盛着饭食、用壶装着酒来欢迎您呢？如果真的做到这样，霸业必定可以成功，而汉朝的政权就可以复兴了。"

刘备说："好！"从此同诸葛亮的情谊一天天地深厚了。

如果你能像诸葛亮这样，给你的9号领导提供积极的行动方案，那么你能很快赢得9号领导的需要。他们确实需要有一个人，帮助他们分解目标和统筹安排，从而实现自己的抱负，如果你能及时出现，那么必定可以成为一个好助手。

鼓励和支持而不是施加压力

9号员工重视和谐，因而，他们常常会有效利用时间，自觉完成本分工作，这点应该对他们抱有信心。他们在工作中缺少的是激情和勇敢，这个时候，如果给他们施加压力，常常会使他们变得更加退缩，而且变得更加具有6号性格的特征，更加逃避问题。

"作为一名9号员工，在工作遇到困难的时候，我非常害怕老板的指责，那样会让我感受到太大的压力。这个时候，我常常是提心吊胆的，我害怕自己做不好，我怀疑自己的能力，我觉得自己的前边失败正在等着我，我不自觉地去逃避，试图忽略问题，但是问题不因为我的忽略而消失，反而越来越多，我自己本身也出了问题了，我多希望这时候有人鼓励我、支持我啊，他们不知道我的内心是多么缺乏信心，多么无助。"

因而，要想有效促进9号员工的好表现，在具体的项目推进过程中，应该学会更多地鼓励和支持他们，而不是给他们施加压力，这是他们的特点，管理者不可不多加注意。

第四章　9 号打造高效团队

9 号制订最优方案的技巧

在制订战术方案时，9 号往往有着以下一些特点：

◇ 注重良好的人际关系

对 9 号而言，他们战术方案制订的流程，常常是先和团队的各个成员进行沟通，和项目或问题牵涉的各方进行沟通，和他们建立良好的人际关系。在建立关系的过程中，在人际关系的大背景下，去考虑这些具体问题，并制订自己的最佳问题解决方案。

◇ 害怕面对冲突

9 号的方案设计方法，在大家不存在冲突的条件下，常常可以顺利建立最佳的方案，可以很好地解决问题。但是，也会出现一种情况，大家之间很多时候，不可避免会出现一些冲突，这些冲突一些时候甚至是很大的。这样的时候，9 号会难以作出最好的选择，他们有时候会假装问题并不存在，采用拖延的方法，不及时地去做决定，让问题放在那里不去管它，他们太害怕冲突了。

◇ 试图取悦所有的人

他们回避冲突，试图取悦所有的人。貌似寻求和平，但是很多时候只是虚假的和谐，当问题真正出现的时候，这些问题就必须得到一个解决，这个时候如果不解决，只会造成项目进展的停滞，给项目带来很大的伤害，也会让团队承受不必要的损失。

这样的时候，9 号领导需要的不是退缩，不是让每一个人都满意，而是要采取自己的合理原则，坚持自己的立场，大胆地设计自己的方法，哪怕遇到反对也在所不惜，因为拖延从来都不是解决问题的途径，自己不需要取悦所有的人。

总之，9 号在制订方案的时候，应该更加大胆，不要企图让每个人都满意，因为让所有人都满意是一种虚无的情结，应该接受冲突的存在。最主要的如果 9 号领导在制订方案的时候，能够把原则看得更重，而不是把人际和谐看得更重，他们可以更快更好地制订出独特而有效的最佳方案。

9号目标激励的能力

一般来说，9号目标激励的能力主要有以下特征：

◇ 注重团队和谐

9号领导常常非常关注团队的和谐，这样在项目进展不顺利的时候，他们有可能会不愿意采取强势的态度，他们也很难说要按照自己的想法来办，这些特点常常使得项目的进展出现问题。这个时候团队常常需要一个方向，但是9号领导却不愿意强加给别人一个方向，这样就使得整个团队变成没有罗盘的航船，漂浮在无边无际的大海上。

◇ 忽视自己的领导作用

他们常常忽略自己在目标激励中的作用，常常认为自己不能够改变什么，认为自己一旦发表了自己的意见，那么对团队而言，可能会起到负面的作用，但是他们常常忘记了一点，那就是，一个团队一定需要一个领军人物，他们的意志直接影响整个团队的命运，当团队成员希望他能够给出指导时，或者希望得到一个方向时，他们却常常选择独处，这种独处只能给团队带来伤害，他们应该承担自己的责任。

◇ 对领导能力不自信

他们常常不愿意表明自己的态度，他们有一个深层恐惧，害怕被拒绝，害怕自己说出来，会给周围世界带来冲突，自己也就无法收拾了。他们选择保留态度，但是这种保留态度只能让下属迷惑，他们应该坚持说出自己的观点，哪怕自己的观点得到别人的反对，自己在观点的冲撞中，才能够真正认识到自己思想的优点和缺点。

◇ 害怕作出承诺

他们时常害怕说出自己的观点，因为他们认为一旦说出，就相当于一个承诺，开弓没有回头箭，他们担心不可收拾的结果，但是他们忘记了一点，那就是，只有给出承诺，才能真正实现自己的承诺，这也是承诺的价值。

◇ 不能给出明确的指示

他们在激励大家向目标而奋进，但是却常常给出无力的指示，他们给别人的不是命令，常常只是选择，多样化的选择常常无法让别人明白他们的真实想法。他们应该更加干练一点，这样下属才能得到真正有用的命令。

◇ 与他人既紧密又陌生

9 号领导在团队的沟通中，可以做到和其他人亲切交谈，富有亲和力，这使得他们可以很好和别人相处，并且保持长久的友谊。但是，9 号领导常常不把自己内心的真实想法表达出来，害怕引起紧张或者不愉快，这也使得他们和别人的关系是既紧密，但是又很陌生。

◇ 善于倾听和调和

9 号领导善于倾听，他们富有同理心，能够很容易地了解他人内心深处的想法，而且他们可以不断地口头给予赞同，尽管他们内心不一定同意，但是他们常常不会说出来，或者隐隐约约地透露出自己的意思。因为这一点，如果团队和外界发生矛盾，或者员工内部出现一些问题，他们常常具有很好的调和能力，能够让团队内外保持和谐。

◇ 不能表达出自己的想法

他们透露给外界的信息要么是认同别人，就是将大家的意见综合，得出一个结论；要么是把自己观察到的很多信息逐条列出，仿佛给选择题的选项一样，让大家去选择，绝不强迫；要么就是自己有一个意见，希望大家执行和按照他们说的做，但是他们的语气常常很弱，不能很强地表达出自己内心的想法，也很难有力地影响外界。

◇ 有躲避冲突的倾向

他们常常以为自己可以躲避起来，这样别人就不会和自己有冲突了，自己的言辞不会伤害别人，但是，自己这样隐藏起来，也常常会被别人遗忘，在团队当中，领导被人遗忘可能可以证明是无为的统治，但是从另外一个角度来说，当团队处于危难之际，需要强而有力领导的时候，他们不拿出有魄力的措施，却常常可能给团队造成很大的损失。

◇ 难以发挥出最大的影响力

在团队沟通中，9 号最大的特点是不强势，喜欢了解别人的看法，喜欢认同别人，但是很难拥有自己的见解，也很难最大化地坚持自己的看法，这些行为一方面可以让别人认同他们，发挥出较大的影响力，但是另一方面，因为自我意志的不强大，所以他们常常不能发挥最大的影响力。

总之，9 号领导如果要提高自己处理冲突的能力，就要提升自己的沟通能力，就应该学会更多表达自己的想法，给团队一股支撑的力量，这样才是真正发挥团体众智。自己的意见必须考虑进去的，因为只有这样才能真正建立起强而有力的团队。

9号打造高效团队的技巧

领导的首要任务是构建和打造自己的高效团队，9号打造高效团队，下边的一些方面是需要加以注意的：

◇ 喜欢无为而治

9号喜欢无为而治的管理方法，他们往往只是告诉团队成员，期待成员有什么样的表现，然后在以后的工作开展中给他们支持，这样的方法虽然会让人感觉亲切，能够自由开展工作，但是对人的放纵也必须讲究原则，人如果没有制度的约束，太放任的话，也可能丧失积极性和不能正常完成任务，出现这样或者那样的问题。

◇ 常常忽视制度建设

9号如果在团队建设中，用心设计合理的制度，那么他们的管理风格将实现真正的无为而治，制度化的条目不会束缚自己的员工，反而可以让他们更加自由。水流有河道才能造福人类，而水流没有固定的方向则会成为洪水，对人类的发展反而不利。制度的作用正在于此，9号领导的缺陷也可以靠制度来保证，制度面前，他们就可以避免过度人情化。